PETITE

GÉOGRAPHIE DE L'AFRIQUE

EN GÉNÉRAL

ET DE LA

SÉNÉGAMBIE

EN PARTICULIER

DU MÊME AUTEUR

CARTE

DE LA

COLONIE DU SÉNÉGAL

1 feuille grand monde en chromolithographie imprimée en 10 couleurs.

PRIX....... 8 FRANCS

Pour paraître prochainement :

GUIDE ILLUSTRÉ

DU

VOYAGEUR AU SÉNÉGAL

PARIS, CHALLAMEL Aîné, Éditeur, 5, rue Jacob.

PETITE
GÉOGRAPHIE DE L'AFRIQUE
EN GÉNÉRAL
ET DE LA
SÉNÉGAMBIE
EN PARTICULIER

A L'USAGE DE NOS ÉCOLES

PAR

C. MATHIEU

OFFICIER D'ACADÉMIE, ANCIEN DIRECTEUR DU COLLÈGE DE LONGWY,
PROFESSEUR DE L'ENSEIGNEMENT SECONDAIRE A SAINT-LOUIS (SÉNÉGAL).

> La connaissance de la géographie donne
> le goût des voyages, et les voyages poussent
> vers le commerce international; les peuples
> se rencontrant sur le terrain de la lutte paci-
> fique du commerce apprennent à se connaître
> et à s'estimer mutuellement.   (BAINIER.)

PARIS
CHALLAMEL AINÉ, ÉDITEUR
LIBRAIRIE COLONIALE
5, rue Jacob, et rue Furstenberg, 2
1884

PRÉFACE

Introduire dans notre colonie de la Sénégambie un nouvel instrument sérieux de progrès et de civilisation a été mon but en faisant ce petit traité de géographie.

Aucun ouvrage de ce genre n'existant encore dans les écoles du pays, il m'a paru nécessaire, pour rendre cette étude plus intéressante et facile, de jeter d'abord un coup d'œil rapide sur l'Univers et de faire une courte description physique, politique et commerciale de chaque partie de l'Afrique, avant d'aborder notre sujet principal, la Sénégambie, que les enfants de cette contrée doivent de bonne heure apprendre à connaître à fond.

C'est pourquoi j'ai divisé cette Géographie en trois parties distinctes :

La PREMIÈRE PARTIE donnant aux élèves les notions nécessaires à l'étude de la Géographie ;

La DEUXIÈME s'occupant de l'Afrique en général au point de vue physique, politique et commercial ;

Enfin, la TROISIÈME qui n'est qu'une étude particulière de la Sénégambie.

PREMIÈRE PARTIE

Notions générales.

La **Géographie** est la description de la **Terre**. Mais la Terre n'est qu'une infiniment petite partie de l'**Univers** ; c'est une grosse boule ou sphère de 40.000 k.m. de circonférence ; c'est pourquoi on l'appelle aussi *globe terrestre*.

L'*Univers* dans son ensemble comprend la *Terre* et tous les astres innombrables que nous voyons briller dans le ciel, en un mot il comprend toute la création.

Cependant il ne faudrait pas croire que l'Univers a pour bornes cette voûte bleue, appelée voûte céleste, que nous apercevons ou plutôt que nous croyons apercevoir. Du reste, cette limite est produite par une illusion de la vue, et n'existe pas en réalité; on l'appelle horizon.

Points cardinaux.

Pour indiquer la position des différents lieux sur le globe terrestre, les uns par rapport aux autres, on a imaginé les *points cardinaux* et les *grands cercles*.

Les points cardinaux sont : le *levant*, le *couchant*, le *Nord* et le *Sud*.

Le *levant* est le point vers lequel le soleil semble se lever : on l'appelle aussi *Est* ou *Orient*.

Le *couchant* est opposé au levant, c'est le point où le soleil semble se coucher; on l'appelle aussi *Ouest* ou *Occident*.

Le *Nord* ou *Septentrion* est le point qui se trouve devant soi quand on a le levant à sa droite et le couchant à sa gauche.

Le *Sud* ou *Midi* est le point opposé au Nord.

Il existe entre ces points cardinaux des directions intermédiaires :

Entre le Nord et l'Est, le *Nord-Est* que l'on écrit N.-E.

Entre le Nord et l'Ouest se trouve le *N.-O.* (Nord-Ouest).

Entre le Sud et l'Ouest le *S.-O.* (Sud–Ouest).

Entre le Sud et l'Est le *S.-E.* (Sud-Est).

De même qu'entre chacune de ces directions il y a encore d'autres points intermédiaires qu'on appelle *Nord-Nord-Est* N.-N.-E, *Sud-Sud–Est* S.-S.-E., *Nord-Nord-Ouest* N.-N.-O., *Sud-Sud-Ouest* S.-S.-O., etc.

La configuration de ces signes (fig. 1) se nomme *rose des vents*.

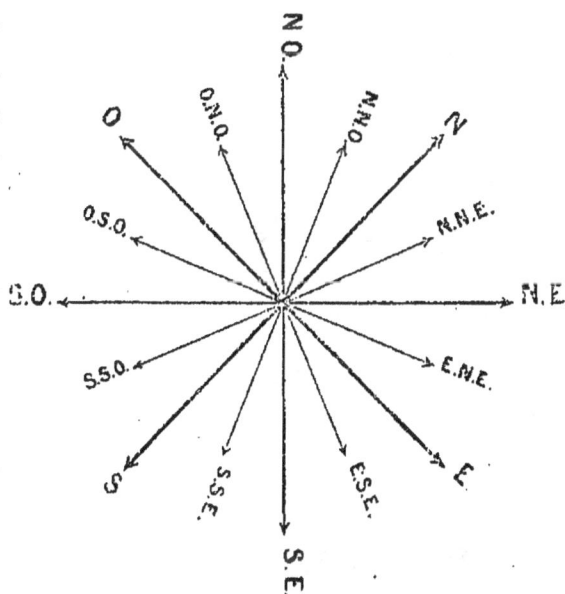

Mouvements de la Terre.

La *Terre* tourne sur elle-même, autour d'une ligne droite imaginaire qui passe par son centre et qu'on appelle *axe de rotation*.

Les deux points où l'axe rencontre la surface de la Terre portent le nom de *pôles :* l'un est appelé *pôle Nord ou arctique,* et l'autre *pôle Sud ou antarctique.*

Le temps que la terre emploie à tourner complètement sur elle-même forme *un jour*, que l'on a divisé en 24 *heures.*

La Terre subit un second mouvement de rotation; elle tourne encore autour du *Soleil,* et pour faire ce grand tour elle emploie 365 jours et 6 heures, c'est ce qui constitue *l'année* que l'on a divisée en 12 mois, qui à leur tour se sont subdivisés en jours.

Grands cercles.

Pour faciliter l'étude de la Terre ou plutôt les rapports de ses différents points entre eux, on a imaginé un grand cercle nommé *Equateur* ou *ligne équatoriale,* ou encore *ligne équinoxiale ;* il fait le tour de la Terre à égale distance des deux pôles. Il divise ainsi le globe en deux parties égales que l'on appelle *hémisphères.* L'un prend le nom d'*hémisphère septentrional* ou *boréal* et comprend le pôle arctique; l'autre, *hémisphère méridional* ou *austral,* qui comprend le pôle antarctique.

A égale distance entre l'équateur et les pôles l'on a aussi tracé deux autres *cercles parallèles* à l'équateur qui portent le nom de *Tropiques*. Dans l'hémisphère boréal c'est le *Tropique du Cancer*, dans l'autre le *Tropique du Capricorne*.

Cercles polaires.

Deux nouveaux cercles parallèles aux premiers sont de même tracés entre les pôles et les tropiques et à égale distance l'un de l'autre, ils sont appelés *Cercles polaires :* celui de l'hémisphère boréal se nomme *Cercle polaire du Nord* ou *Cercle polaire arctique*, celui de l'hémisphère austral *Cercle polaire du Sud* ou *Cercle polaire antarctique*.

Zones.

L'espace contenu entre ces différents cercles prend le nom de *Zones*. Entre les deux Tropiques c'est la *Zone torride ;* la chaleur y est plus grande que partout ailleurs, elle représente environ les quatre dixièmes de la surface de la Terre. La *Zone tempérée* occupe la surface comprise entre les Tropiques et les Cercles polaires. Il y a donc *deux Zones tempérées*.

De même aussi nous avons deux *Zones glaciales* qui comprennent la surface comprise entre les Cercles polaires et les pôles.

Parallèles, Méridiens.

On appelle *Parallèle* tout cercle parallèle à l'équateur, et *Méridien* tout grand cercle qui, passant par les pôles, coupe l'équateur perpendiculairement et partage le globe en deux hémisphères : l'*hémisphère Oriental* et l'*hémisphère Occidental*.

Tous les points du globe situés sur le même méridien ont midi en même temps.

Les parallèles et les méridiens servent à déterminer la *latitude* et la *longitude* d'un lieu. Comme toutes les circonférences ils sont divisés en *degrés, minutes* et *secondes*. (360 degrés ; un degré vaut 60 minutes, et une minute vaut 60 secondes.)

Latitude et Longitude.

La *Latitude* d'un lieu est sa distance de l'équateur mesurée sur le méridien de ce lieu, et égale à l'arc de ce méridien compris entre le lieu en question et l'équateur. Tous les points correspondants à un même parallèle ont une même latitude. Sur les cartes, les degrés de latitude sont toujours tracés de gauche à droite.

La *Longitude* d'un lieu est l'angle que fait le méridien de ce lieu avec un méridien de convention qu'on nomme premier méridien. Ordinairement c'est sur l'équateur que l'on compte les degrés de longitude, ils sont tracés de haut en bas et marqués des deux côtés.

D'après cela, il est facile de comprendre que les données de latitude et de longitude d'un lieu suffisent pour déterminer ce lieu. Cependant il faut avoir soin d'indiquer si la latitude est boréale ou australe, selon l'hémisphère contenant le lieu en question.

Astres utiles à connaître.

Avant d'aller plus loin, passons en revue quelques-uns de ces astres innombrables que l'*Univers* renferme. Parmi eux celui qui frappe d'abord nos regards est le *Soleil*. Les autres plus petits nommés planètes, comme la *Terre*, tournent sans cesse autour de cet astre, et reçoivent de lui la chaleur et la lumière.

La planète la plus voisine est *Mercure*, à 64.400.000 k.m. du soleil ; viennent ensuite *Vénus*, puis la *Terre* à 138.000.000 k.m., *Mars*, *Jupiter, Saturne, Uranus* et *Neptune* qui est la plus éloignée, 5.000.000.000 k.m.

Il existe entre *Mars* et *Jupiter* des planètes télescopiques, telles que *Flore, Vesta, Iris, Métis, Astrée, Junon, Cérès, Pallas*, qui sont à environ 364.000.000 k.m. du Soleil.

Autour de quelques planètes circulent des petits globes appelés *Satellites*. La *Terre* a pour satellite la *Lune* qui se trouve d'elle à environ 385.000 k.m.

A une distance presque infinie de la *Terre*, il existe d'autres astres, en très grand nombre, fixes, lumineux, qu'on nomme *étoiles*. Ce sont autant de *soleils* qui peuplent l'espace.

Nous considérons le *Soleil* comme centre du monde ; c'est pourquoi nous appelons *système solaire* ou *planétaire* l'ensemble des *astres* et des *planètes*. Ce système paraît être porté dans l'espace, autour d'un centre commun, par un mouvement général presqu'insensible, dans un ordre tel que l'on est obligé, quand même on ne le voudrait pas, de croire à l'existence d'un être supérieur et tout-puissant, présidant à cette parfaite harmonie.

Globes et Cartes géographiques.

Il est facile de représenter très exactement la terre sur un *globe* et de rendre la position exacte des lieux, mais il n'en est pas de même lorsqu'il s'agit de les reproduire sur une carte plate. On ne peut y arriver que par approximation. Pour cela on coupe la sphère en deux parties égales et l'on dresse la *Mappemonde* ou *Planisphère*. Cette carte représente deux cercles contenant chacun un hémisphère.

On place ordinairement à côté de chaque carte une petite mesure nommée *échelle*, au moyen de laquelle on peut évaluer la distance de deux lieux, soit en kilomètres, soit en myriamètres, soit en lieues.

Les lieues communes de France sont de 25 au degré. L'échelle n'est donc pas toujours nécessaire, puisqu'il est bien entendu que la longueur d'un degré pris sur l'équateur est de 25 lieues, c'est-à-dire $\frac{40.000 \text{ K. m.}}{360}$ ou 111 k.m. 111 m.

Définitions.

La surface de la Terre est divisée en *terres* et en *eaux*.

Continent. — Les terres occupent un moins grand espace que les eaux sur cette surface ; on les a divisées en trois grands espaces principaux qu'on appelle *continents* :

L'*Ancien continent* qui comprend l'Europe, l'Asie et l'Afrique;

Le second, appelé *Nouveau continent*, comprend l'Amérique;

Et enfin le *Continent austral*, beaucoup moins considérable que les deux autres, qui comprend l'Australie ou Nouvelle-Hollande.

Remarque. — D'après cela, on conçoit facilement qu'un continent est une grande partie de terre entourée d'eau.

Iles et îlots. — Il y a cependant d'autres espaces de terre bien moins grands entourés d'eau de tous côtés, mais ceux-ci ne portent pas le nom de continent; on les appelles *îles* ou *îlots*, selon la surface de cet espace : L'*île de Zanzibar*.

Archipel ou groupe. — Si les îles sont rapprochées les unes des autres, elles composent des *groupes* ou *archipels*: L'*archipel de Bissagos*.

Contrée, Région, Pays. — On entend par *contrée, région* ou *pays* une vaste étendue de terre soumise au même gouvernement.

Péninsules ou Presqu'îles. — Des portions de terre entourées d'eau presque de tous côtés s'appellent *péninsules* ou *presqu'îles*: La *presqu'île du Cap-Vert*.

Océan. — La vaste étendue d'eau qui couvre environ les deux tiers de la surface du globe porte le nom d'*Océan*.

Mer. — On désigne sous ce nom une partie de l'Océan qui pénètre dans l'intérieur des terres : la *mer Méditerranée*, au Nord de l'Afrique.

Golfe ou baie. — Un *golfe* ou une *baie* est

une portion de mer qui s'avance dans les terres : Le *golfe de Guinée*.

Anse. — Les *anses* sont moins grandes que des golfes : L'*anse Bernard*, à Dakar.

Rades, Ports, Hâvres. — On désigne sous ces différents noms des golfes encore plus petits que les anses. Ils servent ordinairement d'asile aux vaisseaux : La *rade*, le *port* de *Dakar*.

Détroits. — Un *détroit* est une portion de mer resserrée entre deux parties de terre : Le *détroit de Gibraltar*, entre l'Europe et l'Afrique.

Canaux. — On appelle ainsi de petits détroits : Le *canal de Mozambique*.

Lacs. — Un *lac* est un amas d'eau situé dans les terres : Le *lac de Téniahié* en Afrique. Lorsqu'ils ont une certaine étendue, ils portent aussi le nom de mer : La *mer Caspienne* en Europe.

Marais. — Les *marais* sont des lacs peu profonds.

Lagunes. — On donne ce nom aux lacs placés près des côtes et communiquant avec la mer.

Ecueils, Récifs ou Brisants. — Les rochers, dans la mer, dangereux pour les navigateurs, portent ces noms d'*écueils*, *récifs* ou *brisants*.

Marées, Flux, Reflux. — Lorsque, par l'attraction de la *Lune* et du *Soleil*, les eaux de la mer s'élèvent et s'abaissent, on désigne ce phénomène sous la dénomination de *marées*. Elles ont lieu deux fois par jour. La *marée montante* s'appelle *flux* et la *marée descendante*, *reflux*.

Fleuves. — Les *fleuves* sont de grands cours d'eau qui se jettent dans la mer : Le *fleuve Sénégal*.

Rivières. — Les *rivières* sont des cours d'eau qui se jettent dans un fleuve ou dans une autre rivière : La *rivière La Fafémé*. Cependant il y a des cours d'eau qui se jettent dans la mer et qui ne sont pas assez considérables pour être appelés fleuves ; aussi, les nomme-t-on rivières : La *rivière de Saloum*.

Marigots. — On nomme ainsi certains affluents des fleuves qui sont comme des canaux naturels, sans pente sensible. Le courant des marigots se dirige tantôt vers le fleuve, tantôt dans le sens opposé suivant que la saison fait grossir ou diminuer le volume des eaux.

Ruisseau. — Un *ruisseau* est une petite rivière.

Torrents. — Les *torrents* sont des cours d'eau rapides et momentanés auxquels donne naissance une chute abondante de pluie.

Source. — Une *source* est le lieu où commence un cours d'eau.

Confluent. — On appelle *confluent* l'endroit où deux cours d'eau se rencontrent.

Embouchure d'un fleuve. — L'endroit où ce fleuve se jette dans la mer.

Affluents. — Les *affluents* d'un cours d'eau sont les divers cours d'eau qu'il reçoit.

Rives. — Un cours d'eau a deux *rives :* la *rive gauche* et la *rive droite*. Etant placé dans un bateau sur un cours d'eau, pour déterminer les deux rives, il suffit de regarder du côté où descend l'eau, c'est-à-dire vers son embouchure, et l'on a ainsi la *rive droite* à sa droite et la *rive gauche* à sa gauche.

Lit. — Le *lit* d'un cours d'eau est le sol

sur lequel il coule, maintenu par les rives.

Bassin d'un fleuve. — Le *bassin d'un fleuve* comprend tout le territoire dont les eaux viennent se rendre dans ce fleuve.

Oasis. — Ce mot s'emploie pour exprimer tout endroit arrosé et cultivé au milieu d'un désert aride.

Montagnes. — Une *montagne* est une grande élévation de terre.

Collines, Monticules. — Ce sont de petites montagnes.

Chaînes de montagnes. — C'est une suite de montagnes.

Plateaux. — On appelle *plateaux* les plaines plus ou moins vastes qui se trouvent au sommet des montagnes.

Coteaux. — Les pentes douces des collines sont ainsi nommées.

Volcans. — Un *volcan* est une montagne qui vomit des *pierres calcinées* et des matières fondues appelées *laves*.

Cratère. — Le *cratère* est l'ouverture par laquelle le volcan lance ces matières.

Vallées et Vallons. — Ce sont des espaces allongés qui s'étendent entre deux montagnes ou entre deux chaînes de montagnes.

Cavernes ou Grottes. — Profondeurs qui se trouvent ordinairement dans les rochers des montagnes.

Caps. — Un *cap* est une portion de terre qui s'avance dans la mer.

Isthmes. — On donne ce nom à un espace de terre resserré entre deux mers.

DEUXIÈME PARTIE

Géographie générale de l'Afrique.

GÉOGRAPHIE PHYSIQUE

Mers. — Les mers qui baignent l'Afrique sont : au N. la *mer Méditerranée*, à l'O. l'*Océan Atlantique*, au S.-E. et à l'E. se trouve l'*Océan Indien*, qui forme la *mer Rouge.*

Golfes. — Les principaux golfes sur les côtes baignées par la Méditerranée sont :

Les golfes de la *Sidre*, de *Gabès*, de *Hammamet* et de *Tunis*, les baies de *Byzerte*, de *Bone*, de *Stora*, de *Bougie*, d'*Arzeu* et d'*Oran.*

Dans l'Océan Atlantique : la *baie d'Yof ;* le *golfe de Guinée*, qui comprend ceux de *Bénin* et de *Biafra ;* la baie *Sainte-Hélène.*

Dans l'Océan Indien : les baies de *Algoa*, de *Delagoa* ou *Lorenzo-Marquez*, de *Sofala*, et le golfe d'*Aden* situé entre l'Océan Indien et la mer Rouge.

Détroits. — Les détroits sont au nombre de quatre :

Le *détroit de Gibraltar* qui sépare l'Afrique de l'Espagne ; le détroit de *Bab-el-Mandeb* qui la sépare de l'Asie ainsi que le *canal de Suez ;*

le *canal de Mozambique* entre la côte orientale et Madagascar.

Caps. — La côte septentrionale baignée par la Méditerranée comprend de l'Ouest à l'Est :

Les caps *Spartel, Tres Forcas, Matifou, Bon, Capoudiah* et *Razat.*

Sur la côte occidentale, baignée par l'Atlantique :

Du Nord au Sud sont les caps *Cantin, Noun, Bojador, Barbas, Blanc, Mirik, Vert, Sierra-Leone, Palmas* (ou des palmes), des *Trois pointes, Formose, Lopez, Piedras, Sainte-Marie, Negro, Frio, Cross* et *Castle.*

Sur la côte méridionale : le cap de *Bonne-Espérance* et celui *des Aiguilles,*

Sur la côte orientale, du Sud au Nord : les caps *Vidal, Colatto, Corrientes, Macalonga, Cabeccira, Delgado, Blankett, Guardafui.*

Montagnes.

1º La plus célèbre chaîne de montagnes d'Afrique est l'*Atlas* qui au N.-O. comprend toutes les hauteurs des Etats barbaresques. La ligne principale court du cap *Noun* sur l'Atlantique jusqu'au golfe de *Sidre* dans la Méditerranée, traversant ainsi le *Maroc*, l'*Algérie*, les Etats de *Tunis* et de *Tripoli*. On divise l'Atlas en deux grandes branches : Le *Grand Atlas*, le plus voisin du désert, et le *Petit Atlas*, plus au Nord et plus rapproché de la Méditerranée.

2º Dans la régence de Tunis l'on trouve : les monts *Haroudje (blancs et noirs)* qui se divisent en deux tronçons dont l'un vient se terminer dans le *désert de Lybie* et l'autre dans le *Sahara*.

3° La *chaîne Arabique* qui longe la côte de la mer Rouge jusque dans la Nubie où elle s'élève sous le nom de *monts Langay* qui vont s'unir aux montagnes très élevées d'*Abyssinie* formant le *plateau oriental éthiopien;* ces montagnes se dirigent au Sud-Ouest vers les sources du *Nil bleu,* où elles forment différents monts, tels que les monts *Amba-Geshen, Amba-Haï, Sémen* et *Bayeda,* et où elles se réunissent à une série de plateaux qui s'étend par les monts *Kénia* et *Kilimandjaro* jusqu'au Sud des grands lacs. Une ramification occidentale se prolonge dans le *Darfour,* et forme, au Sud du *Kordofan,* les *monts Teyla* et *Dyré.*

4° La *chaîne de Lupata,* qui s'étend du territoire de Mélinde (côte de Zanguebar) jusqu'au cap de Bonne-Espérance. Elle porte différents noms : *Sucuwberg, Nieuweveld, Reggeveld* et *Zwarteberg.*

5° La chaîne des *monts Kong,* qui part de la vallée du Niger, au Nord du royaume Bénin, se dirige, de l'Est à l'Ouest, entre le Soudan et la Guinée inférieure, et se termine sur l'Atlantique, aux caps Sierra-Leone et Verga, dans la Sénégambie.

6° Les *monts de la Lune,* qui semblent être la continuation des monts Kong, dont ils ne sont séparés que par le Niger, s'étendent au Sud de l'Equateur, de l'Ouest à l'Est, entre les monts d'Abyssinie et les monts Lupata.

Lacs.

L'intérieur de l'Afrique contient un grand nombre de lacs, dont les principaux sont :

Dans le Soudan, le lac *Débo* et le lac *Tchad*, le plus grand lac d'Afrique, appelé aussi lac *Ouangara*, situé entre le Bornou, à l'Ouest, et au S.-O. le Kanem ; il a environ 380 kilom. de long sur 225 de large.

Les lacs *Tzana* et *Trano*, dans l'Abyssinie.

Au centre de l'Afrique, le lac *Liba*. Plus au Sud et à l'Ouest, les grands lacs de *Albert Nyanza* ou *M'Voutan N'zigé*, *Victoria Nyanza* ou *Oukeréwé*, *Tanganyika*, *Moëro*, *Bangoueollo* et *Nyassa* ou *Maravi*; et, au Nord de la Hottentotie, le lac de *N'Gami*.

Iles.

Dans l'Océan Atlantique, en plein Océan, à une longue distance de la côte, nous trouvons de nombreux groupes d'îles, dont les principaux sont :

Les groupes volcaniques :

1° Des *Açores*, au nombre de neuf îles, appartenant au **Portugal** : *Santa Maria*, *San Miguel*, *Terceira*, *Graciosa*, *San Jorge*, *Pico*, *Fayal*, *Flores*, *Corvo*.

Capitale *Angra*, chef-lieu de l'île *Terceira*.

Ces îles sont belles et riches en excellents fruits, surtout en oranges.

2° De *Madère* (**Portugal**); capitale *Feunchal*.

L'île de Madère est fertile en vins renommés.

3° Des *Canaries*, appartenant à l'**Espagne**, au

nombre de sept principales : *Téneriffe, Fortaventura, Canarie, Palma, Lancerote, Gomera* et l'*île de Fer*.

La plus considérable est Ténériffe, célèbre par une haute montagne volcanique qu'on appelle *Pic de Ténériffe* (3.700 m. de hauteur), au pied duquel se trouve *Santa-Cruz*.

4° Les îles du *Cap-Vert* (**Portugal**), à 500 kil. Ouest du Cap Vert. Les principales sont :

Santiago, Fogo, Boavista, San-Antonio, l'*île de Sel* ou *île Sal, Saint-Nicolas, Porto-Praya.* Ces îles sont malsaines et exposées à la sécheresse.

5° L'île de *l'Ascension* (aux **Anglais**), à 1.550 kil. Sud-Ouest du cap *des Palmes*. Aspect affreux, sol stérile. Elle est presqu'inhabitée.

6° L'île de *Sainte-Hélène* (aux **Anglais**), à 1.550 kilom. Ouest de la côte occidentale et méridionale de l'Afrique. Chef-lieu *James-Town.* C'est là que *Napoléon I*er fut enfermé en 1815, et qu'il mourut en 1821.

Les principales îles de la côte sont :

L'île **française** de *Gorée*, près du cap Vert.

L'archipel de *Bissagos* (**Portugal**), entre la Gambie et la Sierra-Leone.

Les îles de *Los* (aux **Anglais**), dont les principales sont :

Tamara, Crawfort, Whittes, Cassa, Tumbo.

Dans le golfe de Guinée :

Les îles de *Fernando-Pô*, à l'**Espagne** ;

Les îles du *Prince* et *Saint-Thomas*, au **Portugal**.

Un peu plus au Sud, dans le même golfe, l'*île Annobon*, à l'**Espagne**.

Enfin, vers le Sud, les îles *Tristan-d'Acunha*, dépendant de l'**Angleterre**.

DANS L'OCÉAN INDIEN, à l'Est du cap Guardafui :

L'île de *Socotora*, ch-l. *Tamarida* (**Anglais**).

L'île de *Zanzibar*, près de la côte du Zanguebar ; chef-lieu *Zanzibar*.

Au N.-E. de Madagascar, le groupe des *Seychelles*, au nombre de trente îles, dont la principale est *Mahé* (**Anglais**), et le groupe des *Amirantes*, qui fait partie du précédent.

Les îles *Comores* sont au nombre de quatre principales : la grande *Comore*, *Anjouan*, *Mohilla* et *Mayotte*. Les trois premières appartiennent au **Portugal** et *Mayotte* à la **France**.

Les îles *Mascareignes*, qui comprennent les îles *Maurice*, de la *Réunion* et *Rodrigue*.

L'île *Maurice* ou île *de France ;* chef-lieu *Port-Louis* (**Anglais**).

L'île de la *Réunion* ou île *Bourbon*, au S.-E. de Madagascar ; chef-lieu *Saint-Denis ;* ville principale *Saint-Paul*. Le climat de cette île est sain, mais elle est souvent désolée par de terribles ouragans (aux **Français**).

L'île *Rodrigue*, à l'Est de l'île Maurice, appartient aux **Anglais**. Cette île produit des tortues gigantesques.

Enfin *Madagascar*, la plus grande île de l'Afrique, se trouve dans l'Océan Indien, séparée de la côte orientale par le *canal de Mozambique*.

Elle est divisée en deux parties bien distinctes, l'une indépendante et l'autre sous la domination des *Ovas*.

Tananarive est la capitale et la résidence de *Ranavalo*, reine des *Ovas*; v. pr. *Fianarantsoua*, *Tamatave*, *Madsanga* et *Foulepointe*.

L'île est habitée par une multitude de tribus dont le nom générique est *Madécasses* ou *Malgaches*.

Les *Malgaches* se divisent en *Hovas* ou *Ovas* et *Sakalaves*. Sol très fertile, mais mal cultivé. Mines de cuivre, fer, plomb, étain et mercure.

Le culte officiel des *Hovas* est le presbytérianisme. Quant aux *Sakalaves*, ils ont une religion étonnante et sans nom jusqu'à ce jour.

Fleuves.

Les principaux fleuves sont : le *Nil*, le *Medjirda*, le *Chélif* et la *Malonia* qui se jettent dans la Méditerranée ;

Le *Djoub* ou *Juba*, le *Dana*, le *Loffih*, le *Ronuma*, le *Zambèze* et le *Limpopo* qui se jettent dans l'Océan Indien ;

L'*Orange* ou *Gariep*, le *Zaïre* ou *Congo*, le *Niger* ou *Dioliba* ou *Kouarra*, la *Gambie* et enfin le *Sénégal* qui se jettent dans l'Océan Atlantique.

Rivières.

Nous diviserons en trois catégories les principales rivières de l'Afrique :

1º Celles qui se jettent dans l'Océan ou dans la mer ;

2º Celles qui se jettent dans un fleuve ou les affluents de ce fleuve ;

3° Celles qui concourent à l'alimentation d'un lac.

a) Les principales rivières qui se jettent dans l'Océan Atlantique sont : 1° *Sebou, Oum-ed-Rebia, Tensif, Noun* et *Draa* dans le Maroc.

Les rivières de *Somone, Saloum, Casamance, Cachéo, Rio-Géba, Rio-Grande, Rio-Nunez, Rio-Pongo, Mellacorée*, les *Scarcies, Sierra-Leone* ou *Rokelle, Gallinas* dans la Sénégambie.

Les rivières de *Saint-Paul* et *Saint-Jean* sur la côte des Graines.

La rivière *Assinie* qui sépare la Côte d'ivoire de la Côte d'or, la rivière *Volta* qui sépare la Côte d'or de celle des Esclaves ; et en continuant vers le Sud nous trouvons les rivières de *Benin, Calabar, Fernando-Vaz, Koanza, Longo, Cunène*.

Dans l'Océan Indien :

L'*Anazo* qui se jette dans le golfe d'Aden ; la *Doura* sur la côte d'Ajan ; la *Galani, l'Ouami*, la *Pangani*, la *Lindi*, sur la côte de Zanguebar.

Suivant la côte, nous trouverons plus au Sud la *Nuanetsi*, et la *Delagoa*.

b) Celles qui se jettent dans un fleuve, c'est-à-dire les affluents de ce fleuve.

Les principaux affluents du Nil sont : le *Bahr-el-Abiad* ou *Nil Blanc* et le *Bahr-el-Azrah* ou *Fleuve Bleu* et *l'Atbara*.

Les deux premiers ont eux-mêmes des affluents.

Du Zambèze : la *Chiré, Loangoua, Liba, Tschangani, Ungidi* et *Luge*.

De l'Orange : la *Malopo* et le *Vaal*.

Du Congo : *Hogi, Loucinbi,* le *Loumani, San-kourou, Ikelemba, N'koutou,* et *Bancora.*

Du Niger : *Rebbi, Ziffa* et la *Tchadda.*

c) Celles qui dérivent d'un lac ou concourent à son alimentation :

Du lac Tchad : le *Chari* et le *Yéou* ou *Kowa-dougou.*

Du Victoria Nyanza : *Gori, Duma.*

Du Bangoueolo : *Chambèse.*

Du Nyassa : *Lintipe.*

Du N'Gami : *Famernacle* et le *Chobé.*

GÉOGRAPHIE POLITIQUE ET COMMERCIALE

Bornes de l'Afrique.

L'Afrique est une partie de l'ancien continent, elle s'étend du 37⁰ degré de latitude Nord au 35⁰ de latitude Sud. Elle est bornée au Nord par la Méditerranée et le détroit de Gibraltar ; à l'Ouest, par l'Océan Atlantique ; au Sud, par l'Océan Austral ; à l'Est, par l'Océan Indien ou mer des Indes, le golfe d'Aden, le détroit de Bab-el-Mandeb, le golfe Arabique ou mer Rouge, le golfe et le canal de Suez qui la séparent de l'Asie.

Nous pouvons donc aujourd'hui considérer l'Afrique comme formant un continent à part, puisqu'il est détaché de l'ancien continent par le percement de l'isthme de Suez qui joint la

Méditerranée à la mer Rouge. Sa population est d'environ 60 millions d'habitants.

Division en régions.

Pour faciliter l'étude géographique de ce continent, nous le diviserons en 5 régions :

Régions du *Nord*, de *l'Est*, de *l'Ouest*, du *Sud* et du *centre* ou plutôt de l'*intérieur*.

I. — RÉGION DU NORD

Cette région comprend la *Barbarie* et l'*Egypte*.

LA BARBARIE

La *Barbarie* est divisée en quatre grandes contrées :

1° **L'empire du Maroc** (8.000.000 d'habitants), borné au Nord par la Méditerranée, à l'Est par l'Algérie, au Sud par le grand désert du Sahara et à l'Ouest par l'Océan Atlantique, a pour capitale *Maroc ;* villes principales : *Fez, Mequinez, Tétouan, Oudjda, Théza, Laroche, Mazagan, Mogador, Salé, Agadir* ou *Sainte-Croix.*

Nous y remarquons les ports de : *Talahint-Sidi-Hescham, Taroudant, Agadir, Mogador, Azémoux,* sur la côte de l'Atlantique ; *Ceuta, Tetouan, Pénon de Velez,* **appartenant à l'Espagne,** sur la Méditerranée, et *Tanger* à l'entrée du détroit de Gibraltar.

GOUVERNEMENT. — Le gouvernement est une *monarchie absolue, héréditaire.* Le chef a le nom d'*empereur* et prend le titre de *Emir-al-Moumenim* (**commandeur des croyants**).

RELIGION. — Ils ne pratiquent que la religion de *Mahomet.*

LANGUE. — Arabe.

PRODUCTIONS. — Dattes, huile d'olives, céréales, légumes secs, amandes, millet, miel, gomme, plumes d'autruche, ivoire, poudre d'or, tapis, maroquins, bois, peaux de chèvre et cuirs.

RACES. — La population du Maroc est composée de : *Berbères ou Kabyles, d'Arabes*, de *Maures, de Juifs* et de *Nègres.*

2° **La Numidie**, qui n'est autre qu'aujourd'hui l'ALGÉRIE (2.400.000 hab.), notre plus belle colonie, conquise par nous en 1830, est bornée au N. par la Méditerranée, à l'Est par la régence de Tunis, au Sud par le Sahara, et à l'Ouest par le Maroc.

Elle est divisée en trois provinces. La *province d'Alger,* chef-lieu *Alger;* sous préfectures : *Blidah, Médéah, Milianah.*

La *province de Constantine*, chef-lieu *Constantine ;* sous-préfectures : *Bône, Philippeville, Guelma, Sétif.*

La *province d'Oran,* chef-lieu *Oran ;* sous-préfectures : *Mostaganem, Mascara* et *Tlemcen.*

L'administration de ces trois provinces est réunie dans les mains d'un *Gouverneur général.*

RACES. — Ses nombreuses tribus appartiennent à deux grandes familles, les *Berbères* et les *Arabes;* cependant il y a encore des *Maures,* des *Juifs,* des *Nègres* et des *Mozabites.* Je passe sous silence les Européens qui deviennent tous les jours de plus en plus nombreux.

RELIGION. — La religion est celle de *Mahomet*.

LANGUES. — Le français et l'arabe.

PRODUCTIONS. — Le fer, le cuivre, le plomb, le mercure, le zinc et l'antimoine, le manganèse, le soufre, le sel gemme, le salpêtre, et d'autres sels.

Pierres meulières, pierres lithographiques, pierres précieuses, corail.

Céréales, légumes secs, fruits en abondance, raisins. Tabac, coton, lin, alfa, liège, bois de construction, cire, miel.

L'INDUSTRIE sous toutes les formes y est très-répandue : Coutelleries, bijouteries, poteries, minoteries, distilleries, vanneries, tanneries, etc.

3° **La Tunisie** ou *régence de Tunis* (2.500.000 hab.), bornée au Nord par la Méditerranée, à l'Ouest par l'Algérie, au Sud et à l'Est par la régence de Tripoli, a pour capitale *Tunis*, v. pr. *Gabès, Monastir, Sousa, Hammamet*, la *Goulette, Porto-Fanina, Byzerte, Tabarcah, Sfax, Kairouan, Capra, Kasryn, Feriana, Gafra, Nefta, Mansoura, Sabriya, Douiz, Kebilli, Seccada.*

Ce pays est gouverné par un *bey*.

RACES. — *Berbères* et *Arabes*.

RELIGION. — L'islamisme.

LANGUE. — L'arabe.

PRODUCTIONS. — Plomb, cuivre, fer, plâtre, sel marin.

Céréales, olives, Chanvre, lin, coton, alfa. Garance, indigo,

INDUSTRIE. — Tissus de laine et de soie, cordes en alfa, nattes de jonc. Teintureries, savons, parfums, etc.

4° La régence de Tripoli (1.000.000 d'hab.), bornée au Nord par la Méditerranée, à l'Ouest par la Tunisie, au Sud par le Sahara, le pays des Touaregs et le Fezzan, à l'Est par l'Egypte, est divisée en cinq parties :
1° La *Tripolitaine*, 2° le *Plateau de Barca*, 3° le *Fezzan*, 4° l'*Oasis d'Audjilah*, 5° l'*Oasis de Ghadamès*.

Elle est aussi divisée en trois provinces : *Tripoli*, *Mesurata* et *Barca*.

La Régence a pour capitale *Tripoli*, son chef porte le nom de *bey*.

Les villes principales sont : *Benghazy, Dernah, Bomba, Tobrouk, Mourzouk, Soukna, Audjilah, Ghadamès*.

RACES. — Arabes, Berbères, Maures, Kouloughi (mélange de Turcs et de Maures), Juifs, Nègres.

LANGUE. — L'arabe.

RELIGION. — Musulmane.

PRODUCTIONS. — Quelques céréales, dattes, figues, oranges, citrons, amandes, olives, et autres fruits. Les légumes y abondent.

INDUSTRIE. — Nulle.

La *Barbarie* comprend aussi le Sahara que nous étudierons dans la région de l'Ouest.

L'ÉGYPTE

(15.000.000 d'habitants.)

L'*Egypte* a pour bornes : au Nord la Méditerranée, à l'Ouest la Barbarie, au Sud la Nubie, et à l'Est la mer Rouge et le canal de Suez.

Elle est divisée en 3 provinces :

Saïd ou *Haute-Egypte*, le *Vostani* ou *Moyenne-Egypte*, le *Bahari* ou *Basse-Egypte*.

Cap. *Le Caire* ; v. pr. *Alexandrie*, *Rosette*, *Damiette*, *Aboukir*, *Port-Saïd*, *Cosséir*, *Suez*, *Ismaïlia*, *Zagazig*, *Boulak*, *Akmin*, *Keneh*, *Esneh*, *Medinet-el-Fayoum*.

GOUVERNEMENT. — Monarchie absolue, vassale de la Turquie. Son chef porte le nom de *khédive*.

RACES. — Fellahs, Bédouins, Juifs, Nègres.

RELIGION. — L'islamisme.

PRODUCTIONS. — Sel et natron. Céréales, légumes secs, riz, arachides, canne à sucre, coton, garance et safranum.

INDUSTRIE. — Fonderies, forges, orfèvreries, huileries, sucreries, soieries, tanneries et fabriques de bougies.

II. — RÉGION DE L'EST

1° **La Nubie** (2.000.000 d'hab.) est bornée au Nord par l'Egypte, à l'Ouest par le grand désert de Lybie et le Darfour, au Sud par le Soudan et l'Abyssinie, à l'Est par la mer Rouge.

Elle est divisée en 4 provinces : *Dongola*, *Karthoum*, le *Kordofan* et le *Sennaar*.

V. pr. : *Karthoum*, résidence du gouverneur égyptien, *Souakim*, le seul port, *Lobéid*, *Sennaar*, *Damer*, *Kassala*, *Chendy*. Tout ce pays est tributaire de l'Egypte.

RACES. — Ethiopiens et Arabes.

LANGUES. — Arabe et idiomes berbères.

RELIGION. — Musulmane.

PRODUCTIONS. — Or et sel gemme. Céréales et légumes secs ; sésame, coton, tabac, figues, dattes, bananes, tamarin.

INDUSTRIE. — Nulle.

2° **L'Abyssinie** (3.000.000 d'hab.), bornée au Nord par la Nubie, à l'Ouest par le Sennaar, au Sud par l'Adel et le pays des Gallas, à l'Est par la mer Rouge, est divisée en plusieurs Etats indépendants et rivaux dont les principaux sont :

Ceux de *Tigré*, v. pr. Axoum, Adouah.

de *Choa*, v. pr. Tégoulet, Angolola, Ankober, Abdérasoal.

de *Lasta*, v. pr. Sokata.

d'*Ahmara*, v. pr. Gondar, capitale de l'Abyssinie.

de *Dankali*.

Les Etats d'*Angot*, de *Naréa*, de *Samana*, de *Huragué* et de *Kaffa* qui ont pour villes principales : *Agof*, *Kobbenon*, *Kombatche*, *Gafarsa*, sont sous le joug des *Gallas*. Le port de *Massaoua* appartient à l'Egypte.

GOUVERNEMENT. — Chaque état a son chef qui a pouvoir absolu sur ses sujets, et même droit de vie et de mort.

RACES. — Abyssins et Changallas.

RELIGION. — Chrétiens monophysites.

LANGUES. — Le tigraï et l'amharie.

PRODUCTIONS. — Fer, or et sel; céréales et riz, lin, coton, tabac, canne à sucre, café et vignes.

INDUSTRIE. — Nulle.

3° **Le pays des Gallas** (9.000.000 d'hab.), situé au Sud de l'Abyssinie, appartenait autrefois à l'Abyssinie ; c'est un plateau riche et bien cultivé.

RACES. — Les Gallas (race éthiopienne).

RELIGION. — Musulmane.

PRODUCTIONS. — Céréales et café. Ivoire, chevaux de petite taille.

4° **Le pays des Adels** ou **Danakils.**

BORNES. — Le pays des Adels a pour bornes au Nord la mer Rouge, le détroit de Bab-el-Mandeb et le golfe d'Aden ; à l'Est le pays des Somalis ; à l'O. et au S. les plateaux de l'Abyssinie et du pays des Gallas. Il s'étend donc du détroit de Bab-el-Mandeb au cap Guardafui.

Capitale ZEÏLAH.

V. pr. Berberah, Tadjourah et Kéram.

Le port d'Obok à l'entrée du détroit de Bab-el-Mandeb appartient aux Français, qui le fortifient en ce moment.

COMMERCE d'esclaves, d'ivoire et de poudre d'or.

5° **Le pays des Somalis,** que l'on appelle aussi *Péninsule de Somal* ou *côte d'Ajan,* s'étend du cap Guardafui au Zanguebar, limité à l'Ouest par le pays des Gallas.

On trouve sur le littoral les ports de *Brava,* *Marka* et *Magadoxo.*

Magadoxo est une belle ville formant une petite république soumise au *Sultan de Zanzibar.*

Religion. — Musulmane.

Productions. — Riz, fruits, gommes, résines ; chevaux, chameaux et autruches ; animaux sauvages en abondance.

6° **Le royaume de Harar ou de Hourour,** situé au Nord-Ouest du pays des Somalis, a pour capitale *Adar.*

Religion. — Musulmane. *Adar* est la ville sainte dont l'entrée est interdite aux infidèles.

7° **Le Zanguebar** ou *Souaheli,* appelé aussi *sultanat de Zanzibar,* était autrefois sous la suzeraineté de l'*iman de Mascate* (**Etat d'Arabie**), aujourd'hui il en est indépendant.

Bornes. — Cet état s'étend de la Djoub ou Juba au cap Delgado et se partage en 3 provinces :

1° La *côte de Mélinde* (de la Djoub à Mombas), capit. Zanzibar (île), et ports principaux Mélinde, Lamou, Patta, Sivi, Durnfort, Kismayo.

2° La *côte de Zanguebar* proprement dite (de Mombas à la pointe Panna), v. pr. Mafia, Pemba, Mombas.

3° *Le pays de Quiloa* (de la pointe Panna au cap Delgado), v. pr. Madjiani, Bagamoyo.

Races. — Arabes, Souahhelis, Beloutchis, Zangues.

Langue. — Arabe.

RELIGION. — Musulmane,

GOUVERNEMENT. — Le chef est appelé *sultan*.

PRODUCTIONS. — Sol très fertile. Toutes sortes de céréales et de plantes textiles, canne à sucre, tabac, datura stramonium; arbres variés: baobab, bananier, oranger, citronnier, tamarin, papayer, cocotier, etc. Abeilles et cire. Or, argent, cuivre et fer.

INDUSTRIE. — Nulle.

8° La Capitainerie générale du Mozambique (280.000 hab.).

BORNES. — La capitainerie générale du Mozambique est une possession portugaise qui, située au Sud du Zanguebar, comprend toute la côte entre le cap Delgado et la baie Delagoa. Elle est subdivisée en 7 capitaineries: *Mozambique, Querimbe, Quilimane, Sena, Sofala, Inhambane, Bahia de-Lorenzo-Marquez.*

Capitale *Mozambique*, sur une petite île de ce nom.

RACES. — Cafres, Mokouas et Macondés.

PRODUCTIONS. — Fer, or, houille. Sol très fertile, aussi productif que celui du Zanguebar. Buffles, éléphants, rhinocéros, hippopotames.

INDUSTRIE. — A peu près nulle. Grand commerce d'ivoire, d'écailles, piments, baume, ambre gris, gomme, peaux de tigre, etc., et d'esclaves.

III. — RÉGION DE L'OUEST

1° Le Sahara ou Grand Désert.

BORNES. — Le Sahara s'allonge de l'Est à

l'Ouest au Sud de la Barbarie, de la Nubie à l'Océan Atlantique, de l'Ouest à l'Est 4.500 k. m. et du Nord au Sud une moyenne de 1.800 k. m.

Sur la côte du Sahara, côte inhospitalière, stérile et sauvage, nous possédons les comptoirs d'*Arguin* et de *Portendick* qui font partie de notre colonie du Sénégal.

C'est sur les récifs du banc d'Arguin que périt si misérablement la *Méduse* en 1816.

Les principales tribus qui habitent le Sahara, sont :

a) Les *Maures* à l'Ouest, qui se subdivisent en *Maures Trarzas*, *Maures Bracknas*, *Maures Douïchs*, peuples à demi barbares, féroces et pillards.

b) Les *Touaregs* au Centre et au Nord forment un groupe de la nation Berbère, composée comme il suit : les *Schellouks* (**Berbères du Maroc**), les *Kabyles* (**Berbères de l'Atlas Algérien**) et les *Touaregs* (**Berbères du désert**).

Les *Touaregs* se divisent en 4 groupes :

Les *Touaregs-Hoggar* dans le Djebel-Hoggar, les *Touaregs Azghar* ou les *Azkar* dans l'oasis de Ghat, les *Touaregs-Kéloui* plus au Nord, les *Touaregs-Onéliméniden* sur le Korura.

c) Les *Tibbous* à l'Est.

DIVISIONS. — Nous diviserons le Sahara en 3 parties : le *Sahara Occidental*, le *Sahara central* et le *Sahara Oriental*.

Le *Sahara Occidental* appelé Sahel est parsemé d'oasis dont les principales sont : *Adrar*, lieux principaux : Chingueti et Atar ;

Tiris, oasis habitée par les Ouled-Delim ;

Tagant, v. pr. Tichit ;

Oualata ;

Le *pays d'El-Hodh*, cap. Kassambara.

Le *Sahara central* comprend les oasis de :

Ghat, v. pr. Ghat, Barket et Djauet ;

Djebel-Hoggar, v. pr. Idelés ;

Touat, v. pr. Timimoum, Adrar, Insalah et Agably ;

Djebel-Aïr ou Asben, habitée par les Kélouï, v. pr. Agadés, Ten-Telloud et Assoudi :

Damerghou, v. pr. Taghebel ;

El-Araouan et *El-Azaouad* au Nord de Tombouctou.

Dans le *Sahara Oriental*, région des Tibbous, l'on rencontre les oasis de *Kaouar*, v. pr. Aschenouma ; de *Borgou* v. pr. Yeu ; de *Koufarah* v. pr. Kebala.

PRODUCTIONS. — Sel, salpêtre. Le lion, le scorpion, les lézards, la vipère, l'autruche, le bœuf à bosse, le chameau.

INDUSTRIE. — Nulle, excepté chez les Maures qui façonnent des bijoux, tissent des étoffes de poil de chèvre et de chameau ; utilisent les peaux de lion, de tigre, de panthère, d'hippopotame, les dents d'éléphant et les défenses de rhinocéros.

2° **Le Désert de Lybie**, entre le pays des Tibbous et le Nil, n'est que la continuation du Sahara. Il renferme un grand nombre d'oasis dont les principales sont celles d'*El-Khardjeh* ou grande oasis, d'*El-Dakhel*, d'*El-Farafreh*, d'*Ouah-el-Bahrieh* ou petite oasis, d'*El-Fayoum* dont la capitale est *Syouah-el-Kébir*. Toutes ces oasis sont **tributaires de l'Egypte.**

3° **Les colonies Européennes de la Séné-gambie,** Françaises, Anglaises et Portugaises, qui font l'objet spécial de ce petit traité, et qui seront étudiées plus loin.

4° **La Guinée supérieure ou Ouankarah.** — La *Guinée supérieure* ou *septentrionale*, qu'on appelle aussi *Ouankarah*, s'étend depuis la Sénégambie jusqu'au cap Lopez. La côte porte les noms différents suivants :

Côte de *Sierra-Leone*,
Côte du *Poivre ou des Graines*,
Côte d'*Ivoire ou des Dents*,
Côte d'*Or*,
Côte des *Esclaves*,
Côte de *Bénin*,
Côte de *Calabar*,
Et côte du *Gabon*.

a) La *côte de Sierra-Leone* comprend la presqu'île de Sierra-Leone, elle s'étend du cap Vergas à la rivière Gallinas. C'est une colonie **anglaise** dont le chef-lieu est *Free-Town*, v. pr. *Regent-Stown* et *Gloucester*.

Productions. — Riz, café, indigo, patates, coton, et kolas.

b) La *côte des Graines*, qui s'étend de la rivière Gallinas au cap Palmas, renferme la *république de Libéria* dont la capitale est *Mourovia* et la colonie de *Maryland* (aux **Américains**).

PRODUCTIONS. — Le sol est très fertile, il produit : maïs, pommes de terre, patates, manioc, riz, légumes secs, pastèques, ananas, bananes, grenades, oranges, citrons, tamarin, goyaves, etc., etc., poivre, sucre, indigo, coton, café, huile, noix de galle, etc.

c) La *côte d'Ivoire* ou *des Dents* est comprise entre le cap Palmas et la rivière d'Ancobra. Nous y avons deux comptoirs fortifiés : *Grand-Bassam* et *Assinie* avec le poste de *Dabou*. Les Anglais y ont aussi des factoreries.

d) La *côte d'Or*, au Sud de la côte d'Ivoire, s'étend jusqu'au Rio-Volta, elle est habitée par les *Fantis* et les *Achantis*, et comprend un grand nombre de comptoirs fortifiés. Les **Anglais** y possèdent : Apollonia, Dixcove, Anamabou, Cormantin, Tantunquerri, Winebach, Fort-James, Akkra, Christiansbourg, Friedensbourg, Axim, Hollandia, Elmina, le fort Crevecœur.

Le chef-lieu de leurs possessions est *Cape-Coast-Castle*.

PRODUCTIONS. — Riz, canne à sucre.

e) La *côte des Esclaves* s'étend du Rio-Volta à la rivière de Lagos; elle comprend : les petites *Républiques Minas*, toutes indépendantes, parmi lesquelles se trouvent Porto-Seguro, Petit-Popo, Agoué, Abanauguére et Grand-Popo où les Français ont établi des factoreries; le *Dahomey* où les Français possèdent des établissements à Whydah, Godemey, Abomey et Kotonou; le *royaume de Porto-Novo*, capitale Porto-Novo, où nous avons une mission catholique; la *colonie anglaise de Lagos* dans plusieurs villes de laquelle nous sommes établis : à Lagos, Palma, Leké.

f) La *côte de Bénin* au Sud de la précédente qui s'étend jusqu'au delta du Niger. Elle forme le *royaume de Bénin* dans lequel les Anglais ont fondé le marché de Lukodja.

g) La *côte de Calabar*, de la côte de Bénin au cap Esteiraz, qui renferme les villes de Nouveau-Calabar, Bonny, Vieux-Calabar et Cameroun.

h) Enfin *le Gabon* que l'on appelle aussi *M'Pongo* et qui s'étend du cap Esteiraz au cap Lopez. C'est une colonie française dont les établissements principaux sont : Libreville, Louis, et le port Saint-Denis. Les *Anglais* y ont une factorerie à Glass-Town.

PRODUCTIONS DU GABON. — Bois, café, coton, cacao et oranges.

Dans l'intérieur de la Guinée se trouve le *pays de Yarriba* ou *Ioruba* au N.-O. du *royaume de Bénin*, à l'Ouest du Niger et dans les montagnes de Kong ; v. pr. Abbéokuta. Sur les deux rives du fleuve est le *pays d'Ygbo*.

5° La Guinée inférieure ou Congo. — La *Guinée inférieure* ou *Congo*, bornée à l'Ouest par l'Océan Atlantique, comprend, sur une largeur de 400 à 500 kilomètres, le littoral depuis le cap Lopez au N. jusqu'au cap Frio au Sud, c'est-à-dire jusqu'à la Cimbébasie.

La Guinée inférieure est divisée en 6 pays principaux :

1° Le *Loango*, cap. Loango, ou Bouali indépendant.

2° Le *Cacongo*, cap. Kinguela, v. pr. Malemba, indépendant.

3° Le *N'Goyo* ou *Angoy*, cap. Cabuida, indépendant.

4° *Le Congo* proprement dit, cap. San-Salvador, v. pr. Batta, Bamba, Banane, San-Antonio, Ambriz.

5° et 6° *L'Angola* et le *Benguela* qui, avec le pays *de Mossamédés*, forment la *colonie d'Angola* appartenant aux Portugais. Sa capitale est Saint-Paul de Loanda ; les villes principales sont Massangano, Golungo-Alto, Cassange, Saint-Philippe de Benguela.

L'Anziko, situé à l'Est de la Guinée, au loin dans l'intérieur, paraît devoir être rattaché à la Guinée inférieure. C'est un petit pays peu connu, indépendant, dont le souverain s'appelle *Mikoko*.

PRODUCTIONS. — Fer, cuivre, sel, soufre. Le sol est très fertile, il produit des graminées et des arbres en quantité. Gomme élastique, caoutchouc, cire, huile de palme, café, coton, fruits, miel, ivoire.

IV. — RÉGION DU SUD

1° **La Cafrerie.** — Sous ce nom, on désigne toute la partie baignée à l'Est par l'Océan Indien comprise entre le Mozambique au Nord et la colonie du Cap au Sud, elle comprend aussi la *République du Transvaal* et *l'État libre de l'Orange* ainsi que le pays situé au Nord de la Colonie du Cap, pays habité par une foule de peuplades indépendantes.

Le climat y est très chaud surtout sur les côtes.

Les villes principales sont :

Nouveau-Litakou, Melita, Meribowhey, Kouritchane, Makov, Joula, Molopo, Motito, Kolobeng.

POPULATION. — Les principales tribus sont les Koussas, les Zoulous, les Tamboukis, les Mamboukis sur le littoral. A l'intérieur, les Gokas, les Morolongs, les Betjouanes et les Bakouaïns. Plus au Nord : les Makololo, cap. Linganti, les Mosilikatsé et les Barotsé sur les bords du Zambèze. On rencontre aussi les Banyaï qui occupent l'ancien empire de Monomotapa.

Tous les habitants de ces tribus, dont le teint est plutôt bronzé que noir, sont grands, forts et belliqueux.

PRODUCTIONS. — Or, céréales, coton, tabac, indigo, sucre, café. Autruches, antilopes, buffles, éléphants, rhinocéros, lions en abondance.

2° **Le pays des Zoulous** ou **Zululand**. — Le *pays des Zoulous*, sous la domination anglaise, s'étend, sur la côte orientale, de la rivière Limpopo (baie Delagoa) à la Colonie du Natal et elle est limitée à l'O. par la république du Transvaal.

On trouve sur cette partie de la côte de grandes lagunes dont la principale est celle de *Santa-Luzia-Bey* où les **Anglais** se sont établis.

C'est dans ce pays que le fils de Napoléon III a trouvé la mort en 1879.

3° **Colonie du Natal**. — La *colonie du Natal*

située au Sud du pays des Zoulous, toujours en suivant la côte orientale, a pour limite Sud la Cafrerie et se rattache à l'Ouest par le *pays des Bassoutos* à la Colonie du Cap à laquelle elle fut annexée en 1844 par les **Anglais.**

Les villes principales sont :

Maritzburg, Grey-Town et *Emalem.*

PRODUCTIONS. — Fer et houille. Coton, canne à sucre, café, tabac, patates, arachides, etc. Toutes sortes de fruits. Lions, buffles, éléphants, rhinocéros, hippopotames, crocodiles.

4° **L'Etat libre de l'Orange.** — Cet état, qui forme une république, a pour bornes le *Nu-Gariep* qui la sépare de la Colonie du Cap ; au Nord et à l'Ouest le *Vaal*, c'est-à-dire la république de Transvaal et le pays des Hottentots, à l'Est la colonie du Natal.

Sa capitale est *Bloemfontein.*

Villes principales : *Smitfield*, *Winburg* et *Harrismith.*

PRODUCTIONS. — Cuivre, fer et houille. Céréales et fruits. Mérinos, laines. Antilopes, gazelles, chamois, élans.

5° **La République du Transvaal.** — Ce pays habité par les *Boërs* s'étend de l'Etat libre de l'Orange, qui en est séparé par le *Vaal*, du Limpopo au Nord, au pays des Zoulous et à la Colonie du *Natal* à l'Est.

Il est divisé en 4 districts :

Monioiverdop, Magalisberg, Leydenberg, Zoutpansberg.

La capitale est *Pretoria*.

Les lieux principaux sont :

Potchefstroom, Rustenburg. Reynosport, Orich-stad.

PRODUCTIONS. — Fer, étain, plomb, cuivre, alun, marbre, salpêtre, pierres précieuses et diamants. Céréales, pommes de terre, piments, légumes, café, sucre, tabac, oranges.

6° **Colonie du Cap.** — La *Colonie du Cap* est très importante, elle appartient aux **Anglais.** Terminée au Sud-Ouest par le cap de *Bonne-Espérance* dont elle tire son nom, elle occupe l'extrémité méridionale de l'Afrique, et comprend la partie située au Sud du fleuve Orange qui la sépare du pays des Hottentots, des Criquas et de l'Etat libre de l'Orange. Le pays des Bassoutos et le *Natal,* comme nous l'avons déjà vu, y ont été annexés, ainsi que le *pays des Criquas* situé au Sud-Ouest de l'Etat d'Orange.

Les Criquas sont des métis entre Hollandais et Namaquas ou entre Hollandais et Koranas.

Les principaux ports sont :

Cap-Town ou *le Cap, Port-Elisabeth* et *East-London.*

Elle est divisée en trois provinces :

Celle *du Cap,* ch.-l. *Cap-Town ;*

Celle *de l'Est,* ch.-l. *Grahams'Town ;*

Et la *Cafrerie Britannique,* ch.-l. *Kings-Williams-Town.*

Les villes principales sont :

Simons-Town, Mossel-Bay, Port-Elisabeth, Port-Alfred, East-London, Constance, Worces-

ter, *Uitenhagen*, *Graaf-Reynet*, *Pniel*, *New-Rusch*, *Colesbert*.

LANGUES. — Anglais et hollandais.

RELIGION. — Protestantisme.

PRODUCTIONS. — Cuivre, houille, plomb, charbon, céréales, vignes. Fruits et légumes en abondance. Animaux de toutes sortes. Huîtres et perles.

7º **La Hottentotie.** — La *Hottentotie* ou plateau des Hottentots occupe, à l'extrémité méridionale de l'Afrique, une vaste contrée bornée au Nord-Ouest par la *Cimbébasie,* au Nord-Est par le pays des *Cafres*, et de tous les autres côtés par l'Océan. La Colonie du Cap est enclavée dans ce pays.

Les Hottentots se divisent en plusieurs tribus :

1º Les *Hottentots* proprement dits ou Kouakouas ;

2º Les *Namaquas* ou Namakouas ;

3º Les *Koranas* ou Korakouas ;

4º Les *Bosjhemens* appelés aussi Saabs ou Houzouanas, l'une des nations les plus misérables et les plus sauvages de la terre.

Au milieu de ce pays se trouve le désert de *Kalahari* compris entre *l'Orange* au Sud et le lac *N'Gami* au Nord. Il sépare les Namaquas des Betjouanas.

PRODUCTIONS. — Fer et cuivre. Animaux sauvages de toutes sortes et en abondance.

8º **La Cimbébasie ou Ovampie.** — La côte limitée au Sud par la Hottentotie et au Nord par la Guinée inférieure est nommée *Cimbébasie* ou *Ovampie*. Elle est très peu habitée et très insalubre.

Les tribus qui peuplent cette contrée sont les *Cimbébas* qui se divisent en deux principales :

Les *Ovampos* et les *Damaras*.

La capitale où réside le roi est *Ondonga*.

V. — RÉGION DE L'INTÉRIEUR

1° **Le Soudan**. — Le *Soudan* ou *Nigritie*, appelé *Takrour* par les Indigènes, est situé entre le *Sahara* au Nord, la *Nubie* à l'Est, la *Guinée* au Sud et la *Sénégambie* à l'Ouest.

Le Soudan renferme plusieurs états dont les principaux sont :

a) Le *Darfour* qui vient d'être conquis par l'Egypte.

b) Le bassin du *lac Tchad* qui comprend :

L'*Empire de Bornou*, ch.-l. Kouka. Il est habité par les Kanouris ;

Les *provinces de Mandara* et de *Loggone ;*

Le *Kanem*, cap. Mao.

L'empire de *Baghermé* ou *Baghirmi*, cap. Masna. Il est habité par les Nègres et les Schouas.

Le *Bergou* ou *Ouadday*, v. pr. Ouara et Konka.

c) Le bassin du Niger :

Le pays de *Bouré*, ch.-l. Bouré, pays montagneux situé près du Niger, très riche en terrains aurifères ;

De *Kankan*, ch.-l. Kankan, et de *Ouassoulo*, ch.-l. Ségala, dont le sol est très fertile et riche en or. Grand nombre de bestiaux et de chevaux.

Le Royaume du *Haut-Bambara*, ch.-l. Ségo (environ 30.000 habit.), entouré de murs d'enceinte. Commerce important; v. pr. Sansanding.

Le *Bas-Bambara*, ch.-l. Djenné (10.000 hab.). Grand commerce d'esclaves et de poudre d'or.

La *Massina*, ch.-l. Massina.

Le *Haoussa*, v. pr. Kano, Sakatou ou Sokoto, et Katagoum.

Le pays de *Banan*, cap. Dihiover,
— des *Dirmians*, cap. Alcodia.

Le Royaume de *Tombouctou*, cap. Tombouctou (20.000 habit.), près du *Niger*, presqu'à égale distance de Saint-Louis à Alger; grand entrepôt de commerce. Ce pays est habité par les Kissous et les Maures.

Les états de *Yaouri*, ch.-l. Yaouri.

—	*Niffé* ou *Tappa*,	— Tabra ou Koulfa.
—	*Bourgou*,	— Boussa.
—	*Kong*,	— Kong.
—	*Kalama*,	— Kalama.
—	*Founda*,	— Founda, ville cé-

lèbre par ses étoffes de coton, travaille le cuir, brasse de la bonne bière et possède des forgerons.

Dans la partie la plus méridionale du Soudan sont les belles contrées d'*Adamaoua* ou Tumbina, cap. Yola, et de *Kororofi*, cap. Oukari.

d) Entre les deux bassins :

L'empire des Fellahs ou Fellatahs, ch.-l. Sakatou.

RACES. — Les habitants du Soudan sont les Nègres, les Foulbés et les Arabes.

Les Nègres, selon les différents endroits qu'ils habitent, se divisent en Mandingues, Sourhais, Haoussains et Kanouris.

Les Foulbés se divisent en Foulahs, Fellani, Foulans ou Fellatahs.

Les Arabes qui habitent l'Est portent le nom de Schouas.

RELIGION. — La plupart paraissent professer le mahométisme.

PRODUCTIONS. — Mines de fer dans le *Bornou*, d'or dans le *Ouassoulo*, le *Bouré*, le *Bambarra* et le *Haoussa*, d'argent dans le *Baghirmi*, de cuivre dans le *Darfour*. Cuivre, plomb, antimoine et alun dans le *Haoussa*. Gomme, maïs, millet, doura, riz, noix de gouro, arbre à beurre, arachides, tabac, coton, fruits, cire, miel, volailles de toutes sortes. Nombre considérable d'éléphants, hippopotames, buffles, sangliers, girafes, antilopes, rhinocéros, léopards, panthères, lions, crocodiles, autruches.

INDUSTRIE. — Elle est presque nulle, cependant on forge le fer, on fait des objets en ivoire, on tanne les peaux, on tisse et on teint avec de l'indigo.

2° **Contrée des Lacs.** — La partie intérieure de l'Afrique comprise entre le *Soudan* au Nord, la *Guinée* à l'Ouest, la *Hottentotie* au Sud et la côte de *Zanguebar* à l'Est, n'est pas aussi connue ni aussi peuplée que les pays que nous venons d'étudier. Cependant cette partie renferme une quantité de grands lacs autour desquels poussent une belle végétation et sont venues s'établir un certain nombre de tribus, plus ou moins civilisées.

Ainsi, à l'Ouest du *Zanguebar* se trouvent : les lacs *Tanganyika* ou *Oudjidi*, de *Oukérémé* ou *Victoria Nyanza ;* plus au Nord, de *Voutan N'Zighé* ou *Albert Nyanza ;* le lac *Nyassa* ou *Maravi* à l'Ouest du *Mozambique* et le lac *N'Gami* au Nord du désert de *Kalari.*

Les environs de ces lacs ne sont pas très connus, cependant nous pouvons citer : au N.-O. du lac *Voutan N'Zigé* et au S.-O. de l'Etat de *Darfour* un pays dont les terres basses sont habitées par les *Dinkas*, les *Nouërs* et les *Chillouks*, les terres hautes par les *Bongos*, les *Mitons* et les *Niam-Niams.* Ce pays est très riche en fer.

Les pays situés à l'Ouest des lacs *Tanganika*, *Victoria Nyanza* et *Albert Nyanza*, sur le Congo, sont des états très puissants, mais inconnus jusqu'à ce jour : ce sont les royaumes de *Bonda*, de *Sala*, de *Maloune* et de *Cossange* dont la capitale est un très grand marché d'esclaves.

Au Sud-Est du lac *Victoria Nyanza* l'on trouve aussi l'Etat de *Ouniamoëzi*, cap. *Kazeh.* Le pays compris entre le *Zambèze* et le lac *Nyassa* est habité par les *Mazitous.*

Le territoire arrosé par le lac de *N'Gami* est un pays très fertile, mais malsain, d'une végétation puissante et couvert d'arbres à fruits.

PRODUCTIONS. — Eléphants, hippopotames, rhinocéros, buffles, girafes, antilopes, crocodiles. Oiseaux innombrables, commerce de plumes d'autruche et d'ivoire. Le pays est habité par les Bayeyes.

Remarque. — Avant de terminer cette étude générale de l'Afrique, qu'il me soit permis d'attirer l'attention des élèves sur la richesse de ce continent, sur l'abondance et la variété des productions de son sol. Il offre des ressources inépuisables à la spéculation intelligente des capitaux, des esprits et des bras; cependant nous n'en profitons guère et les indigènes moins encore.

Néanmoins, malgré les obstacles de tous genres à surmonter, malgré les difficultés que présentent au voyageur les montagnes, les déserts, les fleuves et les inondations, on fait à l'intérieur un commerce considérable, en transportant les produits d'une contrée pour les échanger avec d'autres produits d'une autre contrée parfois très éloignée.

Les voyages et le commerce se font par terre et par caravane, à dos de chameaux et de bœufs porteurs.

Un des plus révoltants usages de l'Afrique est la *vente des esclaves*. Cet ignoble commerce, prohibé par les lois des nations civilisées, se fait encore sur un grand nombre de points.

TROISIÈME PARTIE

Sénégambie.

La Sénégambie appartient à la partie maritime occidentale de cette grande zone qui s'étend entre l'Equateur et le Sahara, c'est-à-dire la partie occidentale maritime et montueuse du Soudan. Elle doit son nom actuel à ses deux grands cours d'eau, le Sénégal et la Gambie.

Bornes. — Ses bornes sont : au Nord, le Sahara, dont elle est séparée par le fleuve Sénégal ; à l'Ouest, l'Océan Atlantique ; au Sud, la Guinée, et à l'Est, le Soudan.

GÉOGRAPHIE PHYSIQUE DE LA SÉNÉGAMBIE

Golfes ou Baies.

Les principaux golfes de la Sénégambie sont :
La *baie d'Yof,*
La *baie de Gorée,*
La *baie de Sierra-Leone.*

Montagnes.

On trouve au Sud de cette partie de l'Afrique :
1º La chaîne des monts *Kong,* qui se dirige de

l'Est à l'Ouest et se termine aux caps Verga et de Sierra-Leone ;

2º Les monts de *Badet.*

Ces deux chaînes, avec quelques pics cités plus loin, forment les Alpes du Fouta-Djallon.

3º Les monts *Loma,* qui dépendent de la même chaîne que les monts Kong ;

4º Les monts *Yandi*, *Maté*, *Kissy*, dans le Tangué.

Pics.

Nous appelons *pic* une montagne élevée, isolée et d'un accès difficile ; il a ordinairement la forme d'un pain de sucre.

Les pics principaux des Alpes du Fouta-Djallon sont :

Les pics de *Kahi* et de *Séniaki*, dans le Tmibi.

Le pic de *Tamgué.*

Iles.

Les principales îles sont :

L'île d'*Yof*, au N.-O.

Les îles du *Cap-Vert* (à 500 mètres de la presqu'île du Cap-Vert, composées de sept îles : *Saint-Antoine*, *Sal* ou *de Sel*, *Saint-Vincent*, *Saint-Nicolas*, *Boanista*, *Santiago*, *Fogo*, qui appartiennent aux Portugais.

Les îles de la *Madeleine*, à la pointe de la presqu'île du Cap-Vert.

L'île de *Gorée*, au S.-E. de la même presqu'île.

L'île de *Carabane*, à l'embouchure de la Casamance.

Les groupes d'*îles aux Oiseaux*, au Sud de la

rivière Jombas, en longeant la côte vers le Sud.

Les îles *Garamas, Jatte, Kaya, Bissis, Ancoras. Bissao, Sorcière, Boulam, Bissagoua.*

L'archipel *Bissagos*, dont les principales sont : *Carasche, Corbeille, Naoun, Pouta, Mayo, Formose, Gallinas, Rougan, Soga, Bawak, Cagnabac, Harang, Oul, Orakan, Egoba, Ouna, Jombières.*

Les îles *Khoum, Melho, Catack*, à l'embouchure de la rivière Cassini.

Les îles *Tristaos*, à l'embouchure de la rivière Coyon.

L'île *Gonzalès* et l'île *de Sable,* à l'embouchure du Rio-Nunez.

L'île *Mooroura*, à l'embouchure du Rio-Pongo.

L'île *Konébombe.*

Le groupe d'îles *de Los,* dont les principales sont : *Tamara, Crawford, Whites, Cassa, Tumbo*, à la pointe Konakry.

L'île *Matacong*, près de la rivière Foreccaréah.

Les îles *Yellaboï* et *Cortimo*, à l'embouchure de la grande Scarcie.

Plus au Sud, l'île du *Léopard.*

Presqu'îles ou Péninsules.

Nous n'avons sur cette côte que deux grandes presqu'îles : la presqu'île du *Cap-Vert*, appelée aussi presqu'île *des Sérères;* la presqu'île de *Sierra-Leone.*

Caps.

Dans nos possessions occidentales d'Afrique,

nous rencontrons un grand nombre de caps et de pointes.

Caps. — Le cap *Vert* et le cap *Manuel*, au Sud de la presqu'île.

Un peu plus au Sud :

Les caps *Rouge* et *Naze*, entre la presqu'île du Cap-Vert et la Gambie.

Le cap *Bald*, au Sud de la Gambie,

Le cap *Roxo*, entre la Casamance et le Cachéo.

Le cap *Verga*, entre le Rio-Nunez et le Rio-Pongo.

Le cap *Sierra-Leone*, à l'embouchure de la rivière du même nom.

Pointes. — La pointe des *Almadies*, à l'extrémité Ouest de la presqu'île du Cap-Vert.

La pointe de *Sangomar*, à l'embouchure de la rivière de Saloum.

Les pointes *Pompaïré*, *Véron*, *Katat*, à l'embouchure de la rivière Cassini.

La pointe *Tristao*, au Sud d'une île de ce groupe.

Les pointes *Goro* et *Jilli*, à l'embouchure du Rio-Pongo.

La pointe *Sallatook*, entre la rivière Mellacorée et les Scarcies.

Et enfin *Ballo*, entre les Scarcies et Sierra-Leone.

Lacs.

Les lacs principaux sont :

Le lac de *Téniahié*, qui limite nos possessions au Nord.

Les lacs *Khemlech* et *Cayar*, au Nord du Oualo.

Le lac de *Guyer* ou de *Paniéfoul*, affluent de la rive droite du Sénégal.

Les lacs *Daéré*, *Tanna*, *M'Baouar*, *Rentba*, *M'Bogosse*, *Youi*, entre la barre et la pointe des Almadies.

Fleuves et Rivières.

Le *Sénégal* et la *Gambie*, entre lesquels nous avons la rivière de *Somone*, au Sud du cap Naze ; la rivière de *Saloum* et la rivière *Jombas*, au Nord de la Gambie.

Au Sud de la Gambie se trouvent, dans l'ordre suivant : les rivières *San Pedro*, *Souta*, dans le Combo ;

Les rivières *Casamance*, *Cacheo* ou *Santo Domingo*, *Sainte-Catherine*, *Ancoras*, *Géba*, *Rio-Grande* ou *Bobole*, *Cassini*, *Tristao*, *Company*, *Rio-Nunez*, *Cappatches*, *Rio-Pongo*, *Dembia*, *Sangareeah*, *Debrecka*, *Tannancy*, *Mahneah*, *Morebiah*, *Foreccarcah*, *Tannah*, *Mellacorée*; *Pahboyeah*, *Grande-Scarcie*, *Petite-Scarcie*, et enfin la rivière de *Sierra-Leone*, sous la domination anglaise.

Le Sénégal.

Le Sénégal, le plus grand fleuve de la côte occidentale d'Afrique, après le Niger, prend sa source dans les monts Kong, sur le versant oriental des Alpes du Fouta-Djallon par la Falémé, et le Bafing, sur le versant occidental de la chaîne de montagnes qui longe le Niger, sous le nom de Bakhoy.

Le *Bakhoy* et le *Bafing* coulent du Sud-Est au

Nord-Ouest, et se réunissent à Bafoulabé, où le cours d'eau prend le nom de Sénégal.

Il se dirige ensuite jusqu'à Podor, à peu près vers la même direction générale, en s'infléchissant davantage vers l'Ouest. Arrivé là, il tourne brusquement de ce côté, jusqu'à quelques kilomètres de la mer, pour descendre plus brusquement encore vers le Sud, en se rapprochant graduellement de la côte, qu'il rejoint définitivement à 45 milles environ de son dernier changement de direction.

C'est entre les deux bras de ce fleuve, sur une île de sable, à quelques milles de son embouchure, que se trouve l'île de Saint-Louis, chef-lieu de la colonie, et jusqu'à présent la plus grande et la plus belle ville de la côte occidentale d'Afrique. En face Saint-Louis, sur la rive gauche du fleuve, différents marigots forment les îles de Sor et de Roup.

Les pays arrosés par le Sénégal sont nombreux et habités par des races de formes, de couleur et de mœurs caractéristiques très différentes les unes des autres.

Les *Bambaras* ou *Bamanas*, les *Sarakhollés* ou *Soninkés*, les *Toucouleurs*, les *Peuls* habitent les deux rives du bassin supérieur; les *Maures* occupent la rive droite du moyen et bas Sénégal; les *Toucouleurs*, les *Peuls* et les *Ouolofs* la rive gauche de ces deux mêmes parties.

Ces vastes étendues forment, en remontant le fleuve, les provinces suivantes :

1° *Sur la rive droite* : Le pays des *Maures Trarzas*, des *Maures Braknas* et des *Maures*

Douichs, trois grandes familles divisées chacune en une infinité de tribus ; le *Guidimaka*, le *Diombokho* et le *Fouladougou*.

2° *Sur la rive gauche* : Le *Oualo*, le *Fouta Sénégalais*, le *Gadiaga*, le *Bondou*, le *Bambouk* et le *Bagniakadougou*.

Rivière de Somone. — Elle a son embouchure dans l'Océan Atlantique ; elle passe au Nord de Joal, près de Somone, village dont elle prend le nom, et va jusqu'au lac Tanma, qu'elle met ainsi en communication avec la mer, en arrosant une partie du N'Diander.

Rivière de Saloum. — La rivière de Saloum, dont le bassin n'est tracé par aucune chaîne de montagnes ou ondulation, prend sa source dans une vaste plaine inondée pendant la saison des pluies, traverse le pays dont elle porte le nom, et se jette dans la mer par trois embouchures principales. En outre du Saloum, elle arrose la partie Sud-Ouest du royaume de Sine, le Guilor et le Bar. Ses confluents sont les rivières de Sélif et du Sine. A 60 milles marins environ de son embouchure, on trouve, sur la rive droite, le poste français de Kaolack.

Le fleuve Gambie. — Il prend sa source dans le voisinage de celles du Sénégal, dans les Alpes du Fouta-Djallon. Il arrose, sur son parcours, le *Bondou*, le *Niani*, le *Yamina*, le *Badibou*, baigne l'île de *Mac-Carthy*, *Albreda* et *Sainte-Marie-Bathurst*. Il appartient aux Anglais.

La Casamance. — Elle prend sa source sur les contreforts occidentaux des montagnes du Fouta-Djallon, et traverse de riantes contrées. Ses bords sont couverts d'une belle végétation qui rappelle celle des pays d'Amérique, qui sont tant vantés par les navigateurs. Dans la haute Casamance, sur la rive droite, on trouve *Sédhiou*, poste français. Dans la basse Casamance, sur une île située presqu'à l'entrée de la rivière, celui de *Carabane*.

La Casamance a un parcours d'environ 250 k.m. Son principal affluent est la rivière de *Songrogou*, qu'elle reçoit sur sa droite à environ 80 k.m. de son embouchure.

On trouve dans la Casamance les restes de l'établissement portugais de Zighinchor. C'est un fort entouré de murailles en ruines. Il n'y a plus de garnison ; il est occupé par des traitants noirs.

Rivière Cachéo. — Appelée aussi Santo-Domingo, elle est située au Sud de la Casamance. Sur sa rive gauche, on trouve *Cachéo*, protégé par un fort en ruines. Elle est en dehors de la domination française ; l'établissement de Cachéo appartient aux Portugais.

Le Rio-Géba ou *Géba.* — Appelée encore rivière Bobole, elle est située au Sud de la rivière Cachéo. A 110 k.m. en amont de la rivière, les Portugais possèdent un établissement commercial important de Géba, par lequel on peut communiquer avec Farin, autre poste portugais sur le Cachéo.

Le Rio-Grande. — Appelé aussi Kabou ou Coumba, il est comme la rivière de Géba situé en face de l'archipel de Bissagos, mais sous la domination anglaise.

Le Rio-Nunez. — Il descend du Fouta-Djallon, traverse le pays des Landoumans, des Nalous et des Bagas, et vient se jeter dans la mer, à 25 milles environ au Nord du cap Verga. Le poste de Boké, sur la rive gauche, assure la sécurité de nos factoreries françaises.

Le Rio-Pongo. — Il arrose le pays des Sousous et des Bagas, et se jette dans la mer à 25 milles du cap Verga par plusieurs embouchures.

La rivière Mellacorée. — Elle arrose le pays des Sousous et des Mandingues, et se jette dans la mer à 35 milles de Free-Town.

Scarcies. — Elles sont sous le protectorat de l'Angleterre.

Sierra-Leone. — Après les Scarcies nous trouvons un cap très élevé, terminant une chaîne de montagnes dont les dernières ramifications forment la presqu'île de Sierra-Leone. Au Nord se trouve une grande baie qu'on appelle rivière de Sierra-Leone. Colonie anglaise.

NAVIGATION SUR LE SÉNÉGAL.

La largeur du fleuve est assez variable ; elle

varie de 300 à 500 m., et s'accroît en approchant de son embouchure.

Entre Podor et Saldé, le fleuve se divise en deux bras pour former l'île *à Morfil*, la largeur du grand bras est sensiblement moindre et n'atteint pas 100 m. en plusieurs endroits.

La profondeur du fleuve varie de 5 à 10 m. ; cependant on trouve des fonds de 25 m.

La difficulté de la navigation sur ce fleuve est grande à cause des coudes qu'il fait dans son parcours, et si dans le bas fleuve la navigation de nuit n'offre aucun inconvénient, il n'en est pas de même dans le haut fleuve où l'on risquerait d'échouer malgré l'habitude des pilotes noirs en qui l'on peut mettre une certaine confiance à cause de la parfaite connaissance qu'ils ont du fleuve et de ses passages difficiles.

De Saint-Louis à Richard-Toll (78 milles).

Jusqu'au marigot des Maringouins le fleuve monte vers le N.-N.-E. en s'éloignant peu à peu de la mer dont il n'est distant que de 10 milles à la hauteur de ce marigot. Les rives sont plates, peu élevées et recouvertes de hautes herbes, d'ar......... de petite dimension et peu nombr......... Quel......... collines de 10 à 15 m. d'élévation, qu........... ges de peu d'importan......... .... x rives, sont éloignés de ce fleuve, à l......... .... Maka autrefois poste fortifié.

Au-dessus du marigot des Maringouins, le Sénégal s'infléchit brusquement vers l'Est ; l'aspect du sol change peu. A 10 milles au-dessus,

on commence à rencontrer des villages construits
sur la rive gauche au bord du fleuve, et sur la
rive droite d'assez nombreux rouniers.

Points intermédiaires. — Bop-N'Quior, pointe
Sud de l'île de Thionq ; — marigot de Lampsar ;
— île aux bois ; — le village de Maka ; — île de
N'Tieng ; — marigot de Goroum ; — marigot des
Maringouins ; — île de Diakal ou des Caïmans ;
— marigot de Garack ; — embouchure de la
Thaouey ; — Richard-Toll à 1.500 m. du fleuve.

De Richard-Toll à Dagana (12 milles).

Points intermédiaires. — L'île Todd qui a servi
de première quarantaine aux troupes du colonel
Desbordes et au personnel placé sous ses ordres
à sa descente du Haut-Fleuve en 1883 ; — M'Bi-
lor, petit village ; — Dagana, poste, village, escale.

De Dagana à Podor (51 milles).

Marigot de Sokham et de Guidayo, issus du
lac Cayar; — le village de Gaé ; — marigot de
Morghen (rive droite) ; — les villages de Bockol
et de Fanaye ; — l'île de Lemenayo ; — les villages de Doué et de Naolé ; — Podor, poste, village, escale.

De Podor à Saldé (108 milles).

Les villages de Diathal, Mao, Moktar, Salam ;
— pays complètement désert pendant 40 milles
environ ; — Sinkia-Aleybé ; — Boki ; — Oua-

laldé ; — Ourogondé ; — Dounguel ; — Bababé ;
— Abdallah-Moktar ; — Ouassatohé ; — Saldé,
poste, village, escale, extrémité Est de l'île à
Morfil.

De Doué à Saldé (petit bras) 117 milles.

Les villages de Foudéas ; — Guia ; — Diaoura;
— Guédé ; — Doéré ; — Diara ; — Dembé ; —
Edy ; — Cogué ; — Bodi ; Aéré, poste fortifié ; —
Aram ; — Médina ; — Boumba ; — Diengué-
Diangué ; — Saldé.

De Saldé à Matam (76 milles).

Les villages de Kaëaédi, — Gaoul ; - - Djaoul ;
— Kounguel ; — Matam.

De Matam à Bakel (88 milles).

Les villages de Odobéré ; — Tiali ; — N'Dia-
gam ; — M'Boor ; — Orndoldé ; — Bapalet ; —
Gouriki ; — Garaguel ; — Onaoundé ; — Guellé ;
— Odabéré ; — Diaoura ; — Gueldé ; — Tuabo ;
— Bakel, poste, escale, ville.

De Bakel à Médine (79 milles).

Aux environs de Bakel le pays est plus acci-
denté, la végétation devient plus puissante ; on
remarque en particulier de très beaux baobabs.
Nombreux villages sur les deux rives, la plupart
fortifiés assez sérieusement.

Les villages de Kounguel ; — Diaguila ; — Golma ; — Yaféra ; — Arondou ; — la Falémé, affluent important du fleuve ; — les villages de Kotéré ; — Sébékou ; — Goussela ; — Toubabo-N'Kane ; — Makhana ; — Somoné ; — Moussala ; — Tambo-N'Kané ; — Diakhalel ; — Khay-So-tokoulé ; — et Médine, poste et village.

De Médine à Bafoulabé (environ 70 milles).

Les villages de Sabouciré ; — Gouïna ; — Matembélé ; — Bafoulabé, village, poste fortifié.

Le Sénégal est navigable en toute saison, pour les bâtiments calant 12 pieds d'eau jusqu'à Richard-Toll, à 30 lieues de son embouchure ; et pour les bâtiments calant 8 pieds d'eau jusqu'à Mafou, à 90 lieues de son embouchure, à 34 milles au delà de Podor ; et pendant les mois d'août, septembre, octobre et novembre, il est navigable pour les bâtiments calant 12 pieds d'eau jusqu'à Médine, près des cataractes du *Félou*, à 250 lieues de son embouchure.

Remarque. De Kaye à Médine, la navigation ne peut se faire que pendant 4 mois de l'année, et encore est-elle difficile. De Médine à Bafoulabé, le fleuve n'est pas navigable, c'est ce qui a donné l'idée de construire un chemin de fer de Kaye à Bafoulabé pour approvisionner plus facilement nos postes de Kita, de Bamakou et ceux que nous établirons encore dans cette belle et riche vallée du Niger.

Dans les mois d'août, septembre et octobre, son affluent *la Falémé* est navigable sur une

longueur de 40 lieues au moins, pour les bâtiments calant 6 pieds.

Les confluents du Sénégal sont :

Le Marigot de Lampsar ou de Kassak. — Il
pourrait être considéré comme un bras du
fleuve, partant de la pointe Nord de l'île de
Roup en face le marigot qui sépare l'île de
Thiong de l'île de *Bop-N'Quior*, passant près du
poste de *Lampsar* et à *Roos*, et venant se joindre
au marigot de Gorum dont le confluent supérieur est près de Ronq.

Marigot de Gorum (ou *Goroum*). — Ce marigot
n'est qu'un bras du fleuve dont l'autre confluent
est à 32 milles en amont ; il traverse un pays
marécageux et peu peuplé.

Marigot des Maringouins. — On l'appelle aussi
N'Diadier ; il n'est navigable en aucune saison ;
très peu large et encombré d'herbes, il va se
perdre à très petite distance de la mer dans une
vaste lagune, le lac de Téniahié. C'est ordinairement le premier point où l'on rencontre des
caïmans. Il paraît avoir été, dans des temps
plus ou moins reculés, l'embouchure du fleuve.

Les marigots de *Garak*, de *Sokham* et de *Gué-
dayo,* qui se trouvent à quelques milles en amont
de *Dagana*, servent d'écoulement au lac *Cayar*.
Ces trois marigots sont encombrés d'herbes
touffues.

La Taouey. — Son embouchure est à Richard-Toll ; elle sert d'écoulement au lac de Guyers ou de Paniéfoul. Ses rives sont très fertiles et bien cultivées.

Le Marigot de Morghen ou de Koundy. — Il court à travers le pays des Maures, parallèlement au fleuve, dont il n'est qu'un bras.

Le Marigot de Fanaye. — Considéré comme un petit bras du fleuve, il forme avec le grand bras l'île de *Lamenayo.*

Le Marigot de Doué. — Son embouchure se trouve à 11 milles en avant de Podor ; il est désigné sous le nom de *Petit-Bras*, et a 120 milles de parcours. Avec le grand bras il forme l'île *à Morfil.*

La Falémé. — Affluent du Sénégal, elle prend naissance dans les Alpes du Fouta-Djallon et tombe dans le Sénégal au-dessus et à l'Est de Bakel après 900 k.m. de cours. Elle sépare le *Bambouk* du *Bondou.*

La rivière de Kouniakary. — Cet affluent de la rive droite sépare le Diafounou du Diomboko et se jette dans le fleuve à la limite commune du *Kaméra* et du *Khasso.*

Le Bafing et le Bakhoy. — Ces deux rivières sont des sources du Sénégal qui se rejoignent à Bafoulabé pour former le Sénégal.

Le *Bafing* prend sa source dans le Fouta Djallon, au Sud de Timbo, dans le même groupe de montagnes que le *Tankisso* affluent du Niger.

Le *Bakhoy* prend sa source dans les montagnes qui séparent le bassin du Niger de celui du Sénégal.

Le Niger. — Je ne puis passer en revue les cours d'eau qui nous occupent sans parler de ce grand fleuve du Soudan qu'on appelle le *Niger* ou *Djoliba.*

Le *Niger*, issu, vers le 9e degré de latitude Nord et le 13e de longitude Ouest, du même groupe de montagnes que le Sénégal, coule d'abord, pendant quelques degrés, parallèlement à ce dernier fleuve ; puis, lorsque celui-ci tourne à l'Ouest vers l'Atlantique, il s'infléchit au contraire à l'Est vers l'intérieur du continent, pousse une pointe dans la direction du Nord, jusqu'au 18° parallèle, à Tombouctou, où il reprend le chemin de l'Orient pour redescendre ensuite au Sud et déboucher enfin au Sud-Ouest dans le golfe de Guinée.

GÉOGRAPHIE POLITIQUE ET COMMERCIALE

DIVISION DE LA SÉNÉGAMBIE

Nous pouvons diviser la Sénégambie en 4 parties bien dictinctes :

1° La Sénégambie Française avec les territoires placés sous le protectorat de la France ;

2° La Sénégambie Anglaise ;

3° La Sénégambie Portugaise ;

4° La Sénégambie indépendante, c'est-à-dire les pays indépendants compris dans cette partie de l'Afrique.

SÉNÉGAMBIE FRANÇAISE

Cette partie se subdivise tout naturellement en deux autres :

1° Les Territoires appartenant à la France ;

2° Les Territoires placés sous le protectorat de la France.

A. — Territoires appartenant à la France.

La Sénégambie Française, qu'on appelle colonie du Sénégal, est notre plus ancienne colonie. Elle comprend : quelques territoires sur la rive droite du Sénégal ; d'autres, beaucoup plus nombreux, sur la rive gauche ; d'autres encore, mais en moins grand nombre, entre le Bafing et le Niger ; et enfin nos comptoirs situés sur la côte, du cap Blanc jusqu'à Sierra-Leone.

Énumération de nos possessions :

Langue de Barbarie, du lac Téniahié jusqu'à la barre du Sénégal ; — L'Ile de *Thiong* ; — L'Ile d'*Arguin* et *Portendick* ; — *Saint-Louis* et sa banlieue ; — Le *Oualo* ; — Le *Dimar*.

Dans le *Fouta-Toro* : Podor, Thioffy, Souyma, Naolé, Doué, Dado, Fondéas, Diatal et leurs territoires ; Aéré.

Saldé dans l'île à Morfil (et le droit d'y couper du bois).

Dans le *Fouta-Damga* : Matam ; une partie du *Guoye*, depuis Bakel jusqu'à la rivière la *Falémé* inclusivement.

Dans le *Khasso* : Kaye, Médine et la propriété du fleuve sur tout son territoire.

Bafoulabé à l'embouchure du Bafing.

Kita dans le Fouladougou.

Bamakou sur le Niger dans le Manding.

Dans le *Bondou* : tout le cours de la Falémé, Sénoudébou et son territoire, le village de N'Dangan et son territoire.

Dans le *Bambouck* : Kéniéba.

Toute la côte occidentale depuis *Gandiole* jusqu'à la pointe de *Sangomar*. Cette côte est bornée à l'Est par le N'Diambour, le Cayor, le Baol, le Sine et le Saloum.

Le *Boudhié* sur la Casamance.

L'île de *Carabane*.

Les villages Balantes : Iatacounda, Niafour, Cougnaro, Souna, les Djougoutes de Tiong, la pointe Sozor, les Floups,

Sur le *Rio-Nunez*, dans le pays des *Nalous :* Skeltonia, territoire de Victoria.

Dans le pays des *Landoumans :* le plateau de Boké sur le *Rio-Pongo ;* Bangalong dans le pays des *Soussous.* Et enfin la rivière de *Mellacorée* sur laquelle nous avons *Benty*, résidence du Lieutenant-Gouverneur.

1. — *Territoires sur la rive droite du Sénégal.*

Nos possessions sur la rive droite du Sénégal se réduisent à :

1° La *langue de Barbarie* depuis le lac Ténia-hié jusqu'à la barre du Sénégal. C'est une langue de sable très étroite comprise entre le Sénégal et l'Océan Atlantique ; elle est très longue par suite de la direction du fleuve qui coule presque parallèlement à l'Océan, et tout près de la côte sur une longueur d'environ 40 milles. Sur cette langue nous rencontrons les postes de N'Diago et N'Diambor, les villages noirs de N'Dar Toute (petit Saint-Louis) et de Guet N'Dar (parc de Saint-Louis) qui sont con-sidérés comme des faubourgs de Saint-Louis. Plus au Sud, à 3 k. m. environ de Guet N'Dar, on a construit le camp de *la pointe aux cha-meaux.*

2° L'*Ile de Thionq*, que nous devons considé-rer comme faisant partie de la langue de Barba-rie puisqu'elle est située entre le fleuve et l'Océan, est séparée de celle-ci par le marigot de Oualan à l'Ouest et le marigot de Guénélou au Nord. Un petit marigot sépare la partie méridio-nale de cette île pour former l'île de Bop N'Quior,

3° Cependant sur cette côte nous ne devons pas oublier *l'île d'Arguin* et son banc situé au Sud du cap Blanc. C'est là que périt si tristement en 1816 la *Méduse* transportant les fonctionnaires français chargés de l'administration de la Colonie. Nous y avons un fort. Il ne faut pas non plus omettre *Portendic*, port de la côte occidentale d'Afrique, à 250 k. m. au Nord de Saint-Louis. Petit comptoir français fondé en 1724. Commerce de gomme.

2. — *Sur le Sénégal.*

Le fleuve forme un certain nombre d'îles dont la principale est *l'île Saint-Louis* sur laquelle est bâtie la ville du même nom, capitale de la colonie, à l'Est de Guet N'Dar et au Sud de l'île de Bop N'Quior. C'est une belle ville communiquant avec la langue de Barbarie par trois ponts sur pilotis, et à l'Est avec l'île de Sor par un magnifique pont de bateaux appelé pont Faidherbe (il a été projeté et construit en 1864 sous l'habile direction de M. le général Faidherbe, alors gouverneur du Sénégal, et qui a rendu tant et de si grands services à cette colonie.)

Dans les environs de Saint-Louis, à l'Est de cette ville et au Sud, toujours sur le fleuve, nous trouvons les îles de Roup, de Sor, de Babagay et de Sofal.

Arrondissement de Saint-Louis.

Cercle de Saint-Louis.

Le cercle de Saint-Louis comprend Saint-

Louis et sa banlieue. Il se divise en neuf cantons :

1° Sur la rive droite : la langue de Barbarie et l'île de Thiong qui forment le canton de *N'Diago*, dont les villages principaux sont : *N'Diago*, *M'Boyo*, *D'Djao* et *Thionq*.

2° Sur la rive gauche le canton de *Toubé*, villages pr. *Sor* et *Leybar*; le canton de *Dialakar*, v. pr. *Lampsar*, *Maka G'Diama*, *Menguey* et *Guémoy*; le canton de *Gandon*, v. pr. *Gandon*, *Gueye-Guélack* et *Rao*; le canton de *Khattet*, v. pr. *Khattet*, *Boëti*, *Keur-Mandoubaye dieye*; le canton de *M'Pal*, v. pr. *M'Pal*, *Keur-Sambania-kour*, *Maraye*, *Keur-Ibrahim-Samba*, *Keur-Modi-Yoro*.

Le canton de *Gandiole*, v. pr. *Gandiole*, *Kerr*, *Darou*, *Potou*, *Mouït*, *Pankey*.

Le canton de *Mérinaghen*, v. pr. *N'Guick*, *Mérina*, *Lambaye*, *Mérinaghen*, *Mérina diop*.

Le canton de *Ross*, v. pr. *Ross*, *Mérina-Tamsir*, *N'Dogol*, *Modi-Samba*, *Gagn*.

Cercle de Dagana.

Le cercle de *Dagana* comprend : le *Oualo* et le *Dimar*. Le Oualo lui-même se divise en trois cantons :

1° Le canton de *Khouma*, v. pr. *Khouma*, *N'dombo*, *N'tiago*, *Guidjeri*, *Todd*, *Keur-M'baye*.

2° Le canton de *N'Diangué*, v. pr. *N'Diangué*, *Richard-Toll*, *Khor*, *Rong*, *N'Dombo*.

3° Le canton de *N'Der*; v. pr. *N'Der*, *N'Diémel*, *Naéré* et *Diokhor*.

Le *Dimar*, v. pr. *Dagana, Gaé, Bokol, Fanaye, Dialmath* et *Diandal.*

Le *Oualo* est un ancien royaume entre le Séné- gal et les Maures Trarzas au Nord, le Diambour et le Cayor au Sud, le Dimar à l'Ouest. Il a été annexé à la colonie en 1856. Le Oualo, ch.-l. *Dagana*, est habité par les *Ouolofs.*

Ses productions sont peu importantes, et con- sistent en petit mil, haricots, bérafes, coton, in- digo et beaucoup de poissons secs.

Le *Dimar* est une ancienne province du Fouta Sénégalais, annexée à la colonie en 1860.

Le *Fouta Sénégalais* s'étend sur toute la rive gauche du fleuve, depuis Dagana jusqu'auprès de Dembakané, comprenant ainsi l'île à Morfil, formée par deux bras du fleuve entre Saldé et Doué. Il possède en outre les villages situés sur la rive droite, de Kaéaédi à Gounel. Ce territoire se divise de la manière suivante :

Province de *Dimar* (Fouta Dimar), ch.-l. *Dial- math ;* elle s'étend de Gaé à Doué ;

De *Toro* (Fouta Toro), ch.-l. *Podor ;* v. pr. *Thioffy Souyna, Naolé* et *Aéré.* Ce pays, placé seulement sous le protectorat français, peut être considéré comme annexé, car nous y vivons en maîtres absolus. Il s'étend de Doué à Boki.

Province du *Fouta proprement dit,* ou *Fouta central,* qui se divise en :

Pays du *Lao* ou des *Lao N'Kobé*, de Boki à Abdallah-Moktar ;

Des *Irlabés*, de Abdallah-Moktar à Saldé ;

Des *Bosséiabés*, de Saldé à Tiaski ;

Des *Eliabés*, de Tiaski à Doualel ;

Des *Kouliabés*, de Djioul à Bapalel.

(Les habitants du Lao et les Irlabés sont sous notre protectorat, mais les autres tribus, surtout les Bosséiabés sous la conduite de son chef Abdoul-Boubakar, sont continuellement à nous harceler, s'opposant à la pose de la ligne télégraphique sur leur territoire, malgré les traités passés.)

Pays de *Fouta Damga*, placé sous notre protection, où nous possédons *Matam*, poste très fort, pour protéger notre commerce et notre navigation sur le fleuve.

Nos possessions dans le Fouta Sénégalais à partir de la province du Dimar forment deux cercles :

1° Le cercle de *Podor*, ch.-l. *Podor*, v. pr. *Tiofi, Souiman, Doué, Foudéos, Dado, Diatal, Naolé, Aéré.*

2° Le cercle de *Saldé,* qui est un poste, comprend le village de *Tébékou.*

Les productions principales du Fouta sont : différentes espèces de mil en grande abondance, de magnifiques troupeaux de bœufs, des arachides, des cuirs et une race de petits chevaux excellents.

Le Gadiaga.

Continuons à voir les provinces de la rive gauche du fleuve en nous arrêtant pour signaler les cercles des divisions politiques.

Le *Guoye* et le *Kamera* forment l'ancienne province du Gadiaga, pays habité par les Soninkés ou Sarakhollés.

Le *Guoye* s'étend du marigot de N'Guérer au-dessus de Dembakané jusqu'à la rivière de la Falémé. Nous y avons navigation libre et possédons tout le territoire compris entre Bakel et la Falémé, ainsi que les villages de ce territoire dont on a formé le cercle de Bakel qui est un poste fortifié et une escale pour les navires.

Aux environs de Bakel, du côté de Bondou, on trouve le mercure à l'état natif.

Le cercle de *Bakel,* v. pr. *Bakel, Kounguel, Kolmi, Arondou* et *Matam* que nous avons vu dans le Fouta Damga.

Le *Kaméra,* cap. *Makhana.* Peuple très commerçant.

Les productions du pays sont : l'indigo, les arachides, mil, légumes et sésame.

Le Khasso.

Le *Khasso,* appelé autrefois *Casson,* est le pays compris entre le Kaméra et le Bafing. Il est partagé en deux parties par le Sénégal. La partie de la rive droite est sous la domination d'Al-Hadji-Omar (Kaarta) et celle de la rive gauche est placée sous le protectorat français ; elle est divisée en provinces indépendantes les unes des autres : *Médine,* le *Logo,* le *Natiaga.*

PRODUCTIONS. — Arachides et riz.

Cercle de Médine.

Le cercle de *Médine,* ch.-l. *Médine,* v. pr. *Kaye.* Il comprend nos postes de *Bafoulabé,* de *Kita* et de *Bamakou.*

Bafoulabé est un poste placé au confluent des

rivières Bafing et Bakhoy, c'est notre dernière escale sur le fleuve.

Kita, place très forte dans le Fouladougou, sert de poste de ravitaillement et d'intermédiaire entre Bafoulabé et Bamakou.

Bamakou, construit en 1882, notre seule possession actuelle sur le Niger, est un fort placé près du village du même nom. Ce village est une place de commerce importante, à dix journées en avant de Ségou.

2ᵉ *Arrondissement*.

Cet arrondissement, que l'on appelle aussi arrondissement de Dakar–Gorée, est divisé en 12 cercles, ceux de : *Dakar-Gorée, Rufisque, M'Bidjem, Thiés, Portudal, Joal, Kaolack, Sédhiou, Carabane, Rio-Nunez, Rio-Pongo* et *Mellacorée*.

1° Le cercle de *Dakar-Gorée*, ch.-l. *Dakar*, v. pr. *Gorée* et *Dakar*, villages principaux *N'Gor* et *Yof*.

2° Le cercle de *Rufisque*, ch.-l. *Rufisque*. Il forme deux cantons :

Premier canton : v. pr. *Rufisque, Dango, Santiaba, Diokoul* et *Mérina*.

Deuxième canton : v. pr. *Bargny, N'Gond, N'Dokourat, N'Diangol* et *Keur-Yourrou*.

3° Le cercle de *M'Bidjem* qui forme aussi deux cantons sur la côte occidentale de Gandiole à la pointe des Almadies :

Premier canton : v. pr. *Cayar, M'Bidjem, Ouakal, Merina, Keur-Madoum* et *Keur-Mangueye*.

Deuxième canton : v. pr. *Tor, Keur-Manbougour, Diéguéne.*

4° Le cercle de *Thiés* forme aussi deux cantons :
Premier canton : Thiés, Tiali, Dioung, Madiop.
Deuxième canton : Pout, Sandog, N'Gaparou, Bouloum.

Sur cette même partie de la côte nous avons établi le fort de *Bétête.*

Cette côte comprend les anciennes provinces du *Cayor ;* le *M'Baouar,* le *Saniokhor,* et le *N'Diander.*

5° Le cercle de *Portudal,* ch.-l. *Portudal,* v. pr. *Somone, N'Bour, Nianing.*

6° Le cercle de *Joal,* ch.-l. *Joal,* v. pr. *Fadiouth, Diong.*

8° Le cercle de *Sédhiou,* ch.-l. *Sédhiou,* v. pr. *Mourcounda, Grand-Tabana, Petit-Tabana, Badiari* et *Bounou.*

9° Le cercle de *Carabane,* ch.-l. *Carabane,* v. pr. *Elinkine,* la pointe *Sozor* (ou Saint-Georges) ; les villages Balantes de *Iatacounda, Niafour, Cougnaro* et *Souna.*

10° Le cercle de *Rio-Nunez,* ch.-l. *Boké,* v. pr. *Skeltonia.* Il comprend le pays des *Nalous* et celui des *Landoumans.*

11° Le cercle de *Rio Pongo,* ch.-l. *Boffa,* v. pr. *Bangalong* dans le pays des *Soussous.*

12° Le cercle de *Mellacorée,* ch.-l. *Benty,* résidence du lieutenant-gouverneur, v. pr. *Kacoutlaye.*

Jetons un coup d'œil rapide sur quelques villes et villages en passant dans ce 2me arrondissement.

Dakar.

Dakar est une ville naissante, bâtie à l'extrémité de la presqu'île du Cap-Vert, c'est un port magnifique et sûr pour les navires. Ce port est relié à Saint-Louis par un chemin de fer qui va passer par Rufisque.

Gorée.

La ville de *Gorée* est bâtie sur un îlot du même nom qui se trouve sur la côte occidentale de la Sénégambie à 3 k. de la presqu'île du Cap-Vert. Ses côtes sont très escarpées et presqu'inaccessibles. Elle est défendue par le fort Saint-Michel.

Rufisque.

Rufisque est une petite ville à l'Est de la baie formée par la côte au Sud de la presqu'île du Cap-Vert, à l'Est et à 15 km. de Gorée. C'est une ville très commerçante, bâtie sur le bord de la mer.

Portudal.

Portudal (poste du Baol) est aussi un centre actif de commerce, situé à 30 milles de Gorée.

Joal.

Joal (poste du Sine), village situé sur la côte, possède une école professionnelle et d'agriculture de la mission Saint-Joseph. Ce village se trouve presqu'à égale distance du cap Vert et de l'embouchure de la Gambie.

Kaolack.

Kaolack, poste fortifié dans le Saloum, grand commerce de mil et d'arachides.

Forts ou postes fortifiés établis par les Français dans la Sénégambie.

Pour défendre le terrain conquis, conserver notre influence et protéger les populations indigènes placées sous notre protectorat, contre les envahissements et les révoltes de quelques tribus, il nous a fallu construire des forts ou des postes fortifiés de formes et de dimensions différentes selon les dangers auxquels ils sont exposés par l'emplacement qu'ils occupent.

Un fort est donc une garantie pour les indigènes laborieux et tranquilles, pour les traitants et pour les villages qu'il protège.

Nos postes principaux actuels sont :

1º Sur le cours du Sénégal, pour protéger nos populations, notre commerce et notre navigation ; partant de Saint-Louis : *Dagana, Podor, Aéré, Saldé, Bakel, Matam, Médine, Bafoulabé* et *Badoumbé* sur le Bakhoy.

2º *Bamakou* sur le Niger.

3º *Kita* dans le Fouladougou, entre le Sénégal et le Niger.

4º *N'Diago* sur la langue de Barbarie.

5º Dans le Oualo : *Lampsar, Mérinaghen*, et *Dialakar*.

6º *N'Diagne* dans le N'Diambour, au Nord-Est du Cayor.

7° Sur la côte, de Leybar au cap Vert, les postes de *Mouït, Bétête*, et *Thiés*.

8° Sur la côte Sud de la Sénégambie, *Boké* et *Benty*.

9° *Kaolack* dans le Saloum.

10° *Kaoulou* dans le Cayor.

Nous avions aussi établi jadis d'autres postes que nous avons abandonnés et laissé tomber en ruines ; tels que *Talem, N'Guiguis, Keur-Man-doubé-Kary* dans le Cayor ; *Makhana* sur le Sénégal ; *Saint-Pierre de Kaïnoura* sur la rive gauche de la Falémé, près de Sénoudébou.

GOUVERNEMENT DU SÉNÉGAL

Comme nous venons de le voir, notre colonie du Sénégal est divisée en arrondissements, cercles et cantons.

Le chef de la colonie, que les indigènes appellent *Bouroum N'Dar* (maître de Saint-Louis), est un gouverneur nommé par le gouvernement français ; il réside à Saint-Louis. On lui adjoint un lieutenant-gouverneur qui réside à Benty.

Chaque cercle est administré par un commandant de cercle relevant du gouverneur. Ce commandant de cercle (qui correspond à nos sous-préfets en France) a sous ses ordres les chefs de canton, les chefs de poste et les chefs de village de son cercle.

Nota. — 1° Le commandant de cercle porte un uniforme analogue à celui de nos sous-préfets.

2° Le chef de canton porte le manteau vert à gland et bordure d'argent.

3° Le chef de village a le manteau noir bordé d'une bande rouge.

Dans la direction des affaires de la colonie, le gouverneur est assisté d'un conseil d'administration qui est composé des principaux fonctionnaires, de deux notables, de deux négociants et de deux chefs de village.

De même qu'en France la chambre des députés, un conseil général discute les projets de loi et l'impôt, vote le budget, et exprime des vœux.

Le Sénégal est représenté à l'assemblée nationale par un député.

Justice.

1° Une cour d'appel à Saint-Louis.

2° Un tribunal de première instance à Saint-Louis et à Gorée.

3° Un tribunal correctionnel à Bakel et à Sédhiou.

4° Un conseil d'appel sous la présidence du gouverneur.

5° Des conseils de conciliation à Bakel, Podor, Dagana et Sédhiou.

6° Un tribunal musulman.

Postes et Télégraphes.

Service postal.

Les dépêches à destination de la France, du Brésil et de la Plata sont expédiées de Saint-Louis à Dakar soit par la voie de mer, soit au moyen d'un courrier à dos de chameau, de manière à parvenir à Dakar avant le 1er et le 2e de chaque mois. Ce courrier rapporte, à son retour, les dépêches provenant de France, du Brésil et de la Plata.

Tableau de la marche et de l'itinéraire des courriers-piétons du fleuve, desservant les postes situés entre Saint-Louis et Bafoulabé inclusivement.

Départs de Saint-Louis le 5 et le 20 de chaque mois.

Courrier du 5 de chaque mois.			*Courrier du 20 de chaque mois.*		
	Arriv.	Dép.		Arriv.	Dép.
Saint-Louis.....	»	5	Saint-Louis.....	»	20
Richard-Toll....	8	8	Richard-Toll....	23	23
Dagana.........	8	8	Dagana.........	23	23
Podor..........	11	11	Podor..........	26	26
Saldé..........	15	15	Saldé..........	30	30
Matam.........	18	18	Matam.........	3	3
Bakel..........	21	22	Bakel..........	6	7
Médine.........	25	25	Médine.........	10	10
Bafoulabé.......	29	»	Bafoulabé.......	14	»

Retour de Bafoulabé sur Saint-Louis le 5 et le 20 de chaque mois.

Courrier du 5 de chaque mois.			*Courrier du 20 de chaque mois.*		
	Arriv.	Dép.		Arriv.	Dép.
Bafoulabé.......	»	5	Bafoulabé.......	»	20
Médine.........	9	9	Médine.........	24	24
Bakel..........	12	13	Bakel..........	27	28
Matam.........	16	16	Matam.........	1er	1er
Saldé..........	19	19	Saldé..........	4	4
Podor.........	23	23	Podor..........	8	8
Dagana.........	26	26	Dagana.........	11	11
Richard-Toll....	26	26	Richard-Toll....	11	11
Saint-Louis.....	29	»	Saint-Louis.....	14	»

Le poste d'Aéré est desservi par Podor. Les lettres pour cette destination sont expédiées du chef-lieu ou des postes de la ligne en même temps que celles adressées aux autres points ou à Saint-Louis.

Correspondance entre Saint-Louis et Gorée.

Service hebdomadaire.

Un courrier-piéton porte hebdomadairement la correspondance échangée entre Saint-Louis et Gorée.

Départ de Saint-Louis pour Gorée : le mercredi de chaque semaine, à dix heures du matin.

Arrivée à Gorée le vendredi.

Départ de Gorée pour Saint-Louis, le samedi de chaque semaine, à trois heures de l'après-midi.

Arrivée à Saint-Louis, le lundi soir ou le mardi matin.

Correspondance avec l'Europe, le Brésil et la Plata.

Paquebot des Messageries maritimes.

Départs de Bordeaux le 5 et le 20 de chaque mois.

Arrivées à Dakar le 14, à neuf heures du soir, et le 29, à quatre heures du matin, de chaque mois.

Départs de Dakar, pour le Brésil et la Plata, le jour même de l'arrivée.

Retours à Dakar de Buénos-Ayres le 11, à deux heures du soir, et le 26, à sept heures du soir, de chaque mois.

Départs de Dakar pour Bordeaux, le 12, à neuf heures du matin, et le 27, à midi, de chaque mois.

Les dates des départs de Bordeaux et de Buénos-Ayres sont seules impératives.

Le 8 et le 23 de chaque mois, à l'heure de la marée, un bâtiment à vapeur de la colonie est expédié directement de Saint-Louis pour Dakar, avec les dépêches à destination de France, du Brésil et de la Plata. Il attend, dans ce port, le paquebot arrivant de Bordeaux. Dès qu'il a reçu de ce dernier les passagers et les malles de la colonie, il se rend à Gorée, où il ne reste que le temps strictement nécessaire pour déposer les passagers et la correspondance de cette localité. Il fait route aussitôt après pour Saint-Louis. Quand l'état de la barre ne permet pas à l'aviso de sortir du fleuve, le courrier est expédié à Dakar à dos de chameaux.

Bientôt le chemin de fer de Saint-Louis à Dakar nous empêchera d'être à la merci de la barre capricieuse du Sénégal.

Service des lignes télégraphiques.

Les lignes télégraphiques du Sénégal et dépendances comprennent deux réseaux : le réseau de la colonie et le réseau du haut-fleuve.

L'étendue du réseau de la colonie est de six cents kilomètres et trois câbles sous-fluviaux.

Le nombre des bureaux est de treize.

Nomenclature des bureaux.

Saint-Louis (direction et bureau central).	Richard-Toll.
	Dagana.
Mouït.	Podor.
Bétête.	N'Diaen.
M'Bidjem.	Aéré.
Rufisque.	Saldé.
Dakar.	La Barre.

L'étendue du réseau du Haut-Fleuve est de 430 kilom. en exploitation, et un câble sous-fluvial.

Nomenclature des bureaux.

Bakel.	Bafoulabé.
Médine.	Toukolo.

NOTA. — La section entre Saldé et Bakel est en voie de construction. Les dépêches entre ces deux points sont envoyées par les courriers piétons.

Religion dominante. — Religion musulmane.

Productions. — Mines de fer et d'or à Kéniéba. Mines de mercure près de Bakel. Salines importantes à Gaudiole. Ivoire, peaux, plumes. Gomme, arachides, bérafes, sésame, mil, riz, coton, café et noix de kola. Indigo, caoutchouc, beurre végétal, vin de palme, grande variété d'arbres. Nombreux animaux et oiseaux de toutes sortes.

Industrie. — Salines, briqueteries, huileries, tissages, fabriques de vases poreux, gargoulettes et pots à tabac.

B. — Territoires sous le protectorat de la France.

Ces territoires sont : Le *Fouta-Toro* dont le chef prend le titre de *Lam-Toro.*

Le *Fouta-Damga* ; le titre du chef est *Almamy.*

L'*Irlabé* et le *Lao* du Fouta proprement dit.

Le *Guoye* (partie française, partie sous le protectorat); le chef porte le nom de *Tonka*.

Le *Khasso* (partie de la rive gauche).

Le *Lago, Natiaga, Niagala.*

Le *Bambouk*, pays malinké qui occupe l'angle oriental formé par la Falémé et le Sénégal. Il est divisé en petits états indépendants dont quelques-uns sont placés sous notre protectorat, tels que Farabana, Tambaoura, Koukadougou. Nous y possédons Kéniéba, pays riche en or.

Le *Bondou*, état peul dans l'angle occidental formé par le Sénégal et la Falémé. Le chef porte le titre d'*Almamy*.

Le *Dentilia* et le *Bafing*.

Le *N'Diambourg*, divisé en cantons de Louga et de Coki.

Le *Cayor*, cap. *N'Guiguis*, v. pr. *N'Daud.* Nous y avons établi les forts de Kell, Talem, Kaoulou, Keur-Maudounbé-Kary. Dans le Cayor se trouve le fameux puits de N'Daud. Le chef porte le titre de *Damel*.

Le *Baol;* son chef a le titre de *Tègne.*

Le *Saloum*, où nous avons le poste de Kaolack.

Le *Sine ;* son chef se nomme *Bour*.

Le *Badibou* ou *Rip*.

Le pays des *Yolas*.

Guimberin, dans la Carabane.

Le pays des *Nalous* et celui des *Landoumans*.

Le *Rio-Pongo.*

Le pays des *Soussous*. Depuis la pointe Candiah jusqu'à la riv. Manéah, y compris l'île *Tumbo*.

Le pays *Moréah*, c'est-à-dire la partie baignée

par la Mellacorée, la Tamah, le Béreire et le Forécaréah.

Plus au Nord et au Centre : Le *Forgny ;* — le *Balmadou ;* — le *Souna ;* — le *Pakao ;* — le *Soura ;* — les pays des *Bagnouns ;* — le *Yacina.*

Sénégambie anglaise.

Les possessions anglaises forment deux parties bien distinctes, celles situées sur la Gambie et les autres situées à Sierra-Leone.

Les premières ont pour ch.-l. Sainte-Marie de Bathurst, jolie petite ville bâtie sur l'île Sainte-Marie à l'embouchure de la Gambie ; v. p. Fort-James, Albréda, Georgetown et Mac-Carthy.

Les Anglais possèdent en outre l'île de Boulam, l'archipel des Bissagos, moins Bissao, les îles de Los.

Les secondes ont pour ch.-l. Freetown.

Sénégambie portugaise.

Les Portugais ont les comptoirs de Zighinchor sur la Casamance.

Ceux de Cachéo et de Farim sur le Cachéo, de Géba, de Bissao, île de l'archipel de Bissagos.

Cachéo est le chef-lieu des possessions portugaises.

Sénégambie indépendante.

Toutes les contrées de la Sénégambie que nous avons passées sous silence sont indépendantes.

Les principales sont :

1º Le Djolof qui est le pays désert situé entre le Sénégal et la Gambie d'une part, la Falémé et l'Océan de l'autre. Son chef a le titre de Bour-ba-Djolof. Dans cet état nous trouvons la forêt du Bounoun qui est le point d'intersection des territoires du Oualo, du Cayor, du Djolof et du Fouta.

2º Le Guidi-Makha et le Diombokho, situés dans le Gangara sur la rive droite du Sénégal. Ce pays est tributaire des Bambaras du Kaarta et des Maures Douïchs.

3º Le Kaarta sur la rive droite du Sénégal, capitale Nioro. Grand commerce d'esclaves, d'or, d'ivoire, de pagnes et de beurre végétal appelé beurre de carité. Le Fouladougou est tributaire du Kaarta.

4º Le Mancina, le pays de Ségou, le pays des Mandings qui renferme le Bouré si riche en or, et dont nous avons déjà parlé dans le Soudan.

5º Et enfin le Fouta-Djallon, cet immense état peul de la Nigritie occidentale dans la région montagneuse d'où sortent la Gambie, le Sénégal, la Falémé, le Rio Grande, a pour capitale Timbou.

Races et Religions.

Les Maures occupent la rive droite du Sénégal. Ils sont mahométans.

Les Bambaras habitent le Kaarta et sur les rives du Niger. Ils n'ont aucune religion.

Les Peuls habitent le Fouta, le Damga, le Boumdou et le Fouta-Djallon. Ils sont mahométans.

Les Malinkés du Mandingue, les Soninkés et Sarakhollés habitent le versant septentrional des monts Kong. Les Mandingues n'ont aucune religion ; les Sarakhollés sont mahométans.

Le Djolof, le Cayor, le Baol, le Sine, le Badibou, le Niani, le Ouli et le Dentilia sont habités par les Ouolofs et les Sérères.

Les Dhiolas habitent les environs de la rivière de Géba. Ils sont fétichistes.

Toutes ces races sont polygames.

Climat.

Le climat de la Sénégambie, qui est un objet de terreur pour les Européens, à cause de la mauvaise renommée qu'on lui a faite, est très chaud ; mais il est loin d'être insalubre comme on le prétend. Cependant, il faut avouer que quelques-uns de nos postes environnés de marais ou situés au bord de certains cours d'eau sont dangereux à habiter. Mais, en général, à part les terribles époques où la hideuse fièvre jaune fait son apparition, l'Européen peut y vivre, et aussi bien que dans son pays. Du reste, à Saint-Louis même nous pourrions invoquer d'assez nombreux témoignages parmi les commerçants dont la plupart habitent le Sénégal depuis dix, vingt ans et plus.

La grande mortalité que l'on signale dans l'armée et dans le corps des fonctionnaires est due à quatre causes principales :

1° L'arrivée dans la Colonie pendant la mauvaise saison, ou trop tard dans la bonne pour avoir le temps de s'acclimater.

2° Défaut de précautions et imprudences.

3° Nourriture irrégulière, insuffisante et de

mauvaise qualité dans les postes éloignés des centres de commerce.

Et enfin 4° les logements mal conditionnés dans ces mêmes postes et dans les camps de dissémination.

L'Européen sobre, se donnant le nécessaire, évitant le soleil de 9 h. du matin à 4 h. de l'après-midi, observant les règles de l'hygiène, n'éprouvera que quelques légers malaises pendant la mauvaise saison qu'on appelle hivernage.

Afin de donner une connaissance plus exacte et plus étendue du climat de la Sénégambie et de son influence sur l'homme, je ne puis faire mieux que de rapporter ici ce que M. le Docteur A. Borius a écrit sous le titre : *Aperçu général sur le climat de la Sénégambie.*

Aperçu général sur le climat de la Sénégambie.

(Dr A. Borius.)

« La marche apparente du soleil est telle que les rayons de cet astre sont deux fois par an perpendiculaires dans chacun des points de cette partie de l'Afrique, et que jamais l'obliquité de ses rayons ne s'éloigne à midi de plus de 45 degrés environ de la verticale pour les localités situées dans le Nord, et de plus de 36 degrés pour les localités méridionales.

« Il en résulte que cette contrée est constamment chaude. Elle est aussi alternativement sèche et humide. Les pluies y sont périodiques. Il existe en Sénégambie deux saisons de durée variable, suivant les localités, mais dont les phénomènes sont si nettement tranchés que toute étude climatérique doit prendre pour base cette division de l'année en deux saisons.

« La première est la saison sèche, la seconde, la saison des pluies ou hivernage. L'usage nous force d'accepter cette dernière dénomination malgré la confusion à laquelle elle a souvent donné lieu. On se rappellera que, dans notre hémisphère, l'hivernage, saison chaude, correspond à notre été.

« La saison est fraîche et agréable sur les points du littoral où se trouvent les centres commerciaux. Elle est saine et permettrait un acclimatement facile à l'Européen et un développement très rapide de la colonisation. Dans l'intérieur, cette saison sèche n'est douce que pendant les trois mois correspondant à notre hiver, puis elle devient une période de chaleurs intolérables dues au voisinage du désert.

« Cette grande division étant posée, nous allons examiner quelles sont les modifications que présentent les principaux phénomènes météorologiques selon que l'on considère les régions diverses de cette vaste contrée. Nous pourrons alors décrire les caractères de chacune des saisons. Evitant les généralisations théoriques, ne prenant pour base que l'observation rigoureuse des faits, nous préférons laisser quelques lacunes dans nos descriptions, nous réservant le droit d'appeler l'attention des observateurs de l'avenir sur les points à éclaircir.

« *Température*. — Une moyenne thermométrique annuelle, s'appliquant à toute la partie de l'Afrique dont nous nous occupons, ne serait qu'un chiffre sans valeur, une erreur contraire au véritable esprit de la méthode des moyennes. Il serait fort utile de chercher à tirer cette moyenne des nombres que nous donnerons plus loin.

« La température annuelle va croissant à mesure que l'on descend vers le Sud d'une part et croissant plus rapidement encore, à mesure que, s'avançant vers l'Est, on pénètre de plus en plus dans l'intérieur des terres, tout en restant dans les basses altitudes. Les deux températures extrêmes que d'excellentes observations ont permis de constater à Saint-Louis, ont été : la plus basse 7° 9, la plus haute 44° 8 ; ces deux températures comprennent entre elles toute l'échelle des différentes hauteurs thermométriques qui aient pu être observées dans les divers points de la Sénégambie.

« Au Sud du Cap-Vert, les oscillations de la température deviennent de plus en plus faibles. Bissao et Sierra-Leone présentent des climats plus constants encore que celui de Gorée. A mesure que l'on s'avance dans l'Est, les climats perdent leurs propriétés maritimes, et les oscillations mensuelles prennent une plus grande étendue. Les grands maxima, qui sont à Saint-Louis une exception, deviennent presque la règle à Bakel et à Mac-Carthy.

« La marche annuelle de la température diffère complètement du Nord au Sud et de l'Ouest à l'Est ; d'où des contrastes les plus remarquables entre les localités. La température suit, à Gorée et à Saint-Louis, de mois en mois, une marche qui est intimement liée à la marche apparente du soleil. Plus on descend vers le Sud, plus la différence entre les moyennes mensuelles va s'affaiblissant ; mais, en même temps, la température des mois du printemps s'élève, de sorte qu'il ne tarde pas de se produire un double mouvement annuel de la température : à Bissao, à Boké, à Sierra-Leone, la température, relativement basse en hiver, s'élève au printemps, puis redescend au milieu de l'été pour se relever au commencement de l'automne et tomber une seconde fois avec l'hiver. Il y a, par conséquent, deux minima : le plus prononcé est en janvier, le moins accusé, en août, au milieu de la saison des pluies ; et deux maxima, l'un bien accusé en avril, l'autre, en octobre ou novembre.

« Si l'on s'enfonce dans les terres de l'Ouest à l'Est, on voit la marche de la température être à Dagana la même qu'à Saint-Louis. A partir de Podor, à Matam, Bakel, Médine, Mac-Carthy de Gambie, le printemps devient, non seulement plus chaud que l'hiver, mais même que l'été, ce qui n'est plus du tout en rapport avec la marche du soleil. Il y a donc, comme dans le Sud de la Sénégambie, un double mouvement annuel de la température, avec ceci de particulier que la température du printemps et surtout celle du mois d'avril est bien plus élevée que celle des mois de l'été. Si nous quittions la Sénégambie et descendions jusqu'au golfe de Guinée, nous verrions la température même de l'hiver s'élever, comme celle du printemps, au-dessus de celle de l'été ; de sorte que, placées au Nord de l'équateur, ces contrées jouissent de saisons qui pourraient faire croire qu'elles sont situées dans l'hémisphère Sud.

« *Vents*. — Dans le Nord, sur les bords du Sénégal, les alizés du Nord-Est règnent pendant huit mois. Des brises solaires diurnes viennent du large rafraîchir l'atmosphère des côtes, mais pénètrent peu dans l'intérieur.

« Pendant les quatre autres mois règne une mousson du Sud-Ouest, faible, accompagnée de calmes fréquents, d'orages, de tornades et de pluies.

« A mesure que l'on descend vers le Sud de la côte, les alizés perdent non seulement en force mais aussi en durée, aux dépens de la mousson du Sud-Ouest. Cette dernière devient de plus en plus longue et plus forte. L'augmentation de sa durée est telle, qu'à la limite Sud de la Sénégambie les vents du Sud-Ouest soufflent pendant huit mois de l'année et que c'est à peine si, pendant quatre mois, les vents soufflent dans la direction des alizés avec alternance de calmes et de brises solaires. Les vents de Nord-Est qui, en passant sur le désert, ont pris des qualités de sécheresse accusées par les minima de la tension de la vapeur que nous avions à signaler à Saint-Louis, n'ont plus, au bas de la côte, cette sécheresse et cette chaleur brûlante, d'où les oscillations moindres de la température et la rareté des grands maxima signalés à Bakel.

« *Pluies*. — Lorsque des vents du large couvrent de nuages toute la Sénégambie pendant l'hivernage, les pluies vont, comme ces vents, en augmentant de fréquence et d'abondance à mesure que l'on va vers le Sud. De bons observateurs ont compté les nombres de jours de pluies dans les différents établissements européens. Ce nombre est de 35 à Saint-Louis, Gorée, Dagana, et sur tout le cours du Sénégal ; il paraît cependant un peu plus élevé dans le haut Sénégal que sur le littoral. En descendant vers l'équateur, on compte annuellement 48 jours de pluie à Sainte-Marie-Bathurst, 84 à Sédhiou, 111 à Bissao, 137 à Boké, à peu près le même nombre à Sierra-Leone. Cette augmentation régulière du nombre de jours pluvieux ne correspond pas seulement à un accroissement dans la durée de l'hivernage, il y a augmentation dans l'intensité des principaux phénomènes météorologiques qui constituent l'hivernage. Chacun des mois de cette saison compte un plus grand nombre de jours pluvieux et d'orages, à mesure que l'on descend vers le Sud. Nous avons compté, sur les rives du Sénégal, une moyenne de 26 jours d'orages, une de 48 à Gorée ; à Boké, M. Boheas en a compté 57 jours. Les averses, qui durent deux ou trois heures à Saint-Louis, persistent, dans la Casamance et le Rio-Nunez, pendant des journées entières et même quelquefois pendant une semaine presque sans interruption.

« *Saisons*. — Les vents généraux traversant la Sénégambie sont si intimement liés aux autres phénomènes atmosphériques de cette région, que l'on peut dire qu'elle leur doit son climat spécial, essentiellement différent de celui des autres régions tropicales. Il n'existe, dans toute la Sénégambie, que deux grandes saisons : la saison sèche et la saison des pluies. La première reçoit, selon la localité, des noms différents ; c'est la saison fraîche à Saint-Louis ; cette dénomination n'est plus exacte à Bakel, où elle est fraîche pendant trois mois seulement, et brûlante pendant trois autres mois. C'est la bonne saison, expression vraie s'il s'agit des Européens, fausse, s'il s'agit des Indigènes. L'expression de saison sèche est la seule qui lui convienne. La seconde, la saison des pluies ou hivernage, est la saison chaude à Saint-Louis, mais une saison relativement fraîche lorsqu'elle survient à Bakel, Boké, Sierra-Leone. C'est la mauvaise saison dans toutes les localités, s'il s'agit des Européens, mais non relativement aux Indigènes. Exposons les caractères de ces deux saisons en commençant par celle qui donne la plus grande uniformité à tous les points de la Sénégambie pendant une partie de l'année.

« *Hivernage*. — Signalé à son début par les pluies, l'hivernage commence, à Gorée, du 27 juin au 13 juillet, vers le 20 juin en Gambie, à la fin de mai en Casamance, au milieu de mai à Bissao, à la fin d'avril dans le Rio-Nunez (Boké), au commencement de ce mois dans Sierra-Leone.

« Pendant toute la durée de cette saison, la Sénégambie, arrosée par les grandes pluies qu'apportent les vents maritimes, présente un aspect uniforme dans tous ses points. La température moyenne est

partout très voisine de 27°, et il n'y a que des écarts
très faibles, des minima et des maxima, par rapport
à cette moyenne. L'air est constamment au voisinage de la saturation complète par la vapeur d'eau.
Les pluies tombent avec abondance, les fleuves sortent de leurs lits et inondent tous les terrains bas.

« Les orages sont nombreux, la végétation est
dans toute sa puissance, malheureusement aussi la
force des miasmes fébrigènes. La durée de l'hivernage est, comme son début, en rapport avec la situation du soleil, dont les époques des deux passages
au zénith vont s'éloignant de plus en plus, à mesure
que l'on se rapproche de l'équateur.

« Dans cette saison, il n'y a que des distinctions de
peu d'importance entre les divers points de la Sénégambie. Dans le Nord, les pluies moins fréquentes
ont leur maximum en août. Dans le Sud, il y a quelques traces de la division en deux périodes, que l'on
retrouve dans l'hivernage de l'équateur et du golfe
de Guinée, mais jamais une interruption comparable
à celle qui a permis de reconnaître, dans ces régions,
une petite saison sèche venant interrompre les pluies,
ou du moins en diminuer momentanément l'abondance. Partout les vents soufflent du Sud-Ouest au
Nord-Ouest avec une force modérée et alternant avec
des calmes souvent prolongés. Les différences que
l'on observe alors entre les pays de l'intérieur et
ceux du littoral sont minimes; elles consistent surtout en ce que ces derniers reçoivent directement la
brise du large, qui y présente, par conséquent, une
plus grande énergie, une plus grande fraîcheur, et
qui n'a pas été empestée par son passage sur les ma-
récages.

« Voici la description d'une journée d'hivernage
qui montrera en même temps et les phénomènes
météorologiques qui caractérisent la saison et les

impressions ressenties par l'Européen sous leur influence. Cette description, faite sur les lieux mêmes,
à Saint-Louis, s'applique à la Sénégambie. On peut
prendre cet exemple pour type de ces journées pé-
nibles si communes dans la mauvaise saison.

Une journée d'hivernage.

« La veille dans la nuit, l'air a été rafraîchi par un
orage, suivi d'une pluie courte, mais abondante.
Après cette nuit, le soleil se lève au milieu des
nuages, qui paraissent dissipés par sa présence. A
peine quelques bouffées de vent de Sud-Ouest se
font-elles sentir dans la matinée fraîche et agréable.
Le ciel n'est parcouru que par de légers flocons
blancs, qui s'irradient en éventail en changeant lentement de formes ; quelques instants après le lever
du soleil, le thermomètre marquait à l'ombre 27
degrés. Sous l'influence du calme, la chaleur s'élève
modérément et à 9 heures du matin, malgré l'usage
du parasol, une course est déjà une assez pénible
corvée. Le sol, mouillé par la pluie de la nuit précédente, ne fatigue cependant pas les yeux de cette
réverbération pénible de la lumière, l'une des causes
qui, s'ajoutant à la chaleur, à l'état hygrométrique
et à l'infection paludéenne, rendent si dangereuses
les insolations à cette époque de l'année.

« A 10 heures, malgré une élévation de 2 degrés
sur la température du matin, la chaleur est très
supportable, il est permis de déployer une certaine
activité. La brise de Sud-Ouest est un peu plus forte,
mais elle est irrégulière, et semble par moment
vouloir tomber.

« Il est midi, le thermomètre continue son ascension. A 1 heure il atteint 30 degrés. Le soleil se voile
par instants et quelques nimbus parcourent le ciel
dans la direction du Sud au Nord, tandis que la direc-

tion des vents inférieurs oscille entre l'Ouest et le Sud-Ouest; mais ces vents sont très faibles ; par moments le calme est absolu.

« Cet état général de l'atmosphère persiste, la chaleur continue d'augmenter lentement. A 4 heures, le thermomètre marque 31°. Le ciel est aux trois quarts couvert de nuages s'accumulant d'abord à l'horizon, le calme devient parfait. La chaleur est excessivement pénible, et, bien qu'après 4 heures le thermomètre monte à peine de 0°,5, la chaleur semble augmenter considérablement; on est étonné, en jetant les yeux sur le thermomètre, de ne pas voir une ascension plus étendue de la colonne mercurielle correspondre à cette sensation. Le corps se couvre de sueur au moindre mouvement un peu actif.

« Il est 6 heures, le soleil disparaît dans les nuées épaisses accumulées à l'horizon. Il se couche bientôt au milieu de nuages qu'il dore de teintes d'un rouge cuivré très éclatant. Le calme persiste. Le thermomètre reste élevé. Quelques bouffées de brises variables de l'Ouest au Sud-Ouest donnent à peine une fraîcheur qui ne pénètre pas dans l'intérieur des maisons. Il faut sortir ou monter sur les terrasses qui dominent les habitations, pour respirer plus librement et se sentir rafraîchi par quelques légers souffles devenant de plus en plus rares. Un petit nuage noir passe en courant très bas, venant du Sud-Ouest, et laisse tomber quelques gouttes d'eau, trop peu nombreuses pour mouiller le sol desséché.

« Nous rentrons. La chaleur de la maison est étouffante, nous cherchons en vain les courants d'air. L'eau, que nous avons mise à rafraîchir dans des vases ou gargoulettes en terre poreuse, et qui, le matin, était fraîche, paraît tiède; sa température est la même que celle de l'eau contenue dans une carafe ordinaire. Il n'est pas nécessaire de consulter l'hygromètre pour constater la surcharge de l'air par la vapeur d'eau.

« Tout indique une saturation complète de l'air par l'humidité. La tension de la vapeur est de 23 millimètres. C'est alors que l'on peut constater que la sensation de chaleur étouffante que l'on éprouve est due plutôt à la vapeur d'eau qu'à une élévation du thermomètre, qui n'a par elle-même rien d'extraordinaire.

« Rien n'est comparable à l'anxiété maladive dans laquelle se trouve alors l'Européen. Immobile dans un fauteuil, il a le corps couvert de gouttelettes de sueur, comme celui d'une personne qui vient de se livrer à un exercice violent. La fatigue que nous éprouvons n'est pourtant pas la même que la fatigue du travail; c'est une faiblesse des membres, et surtout des jambes, un malaise indéfinissable qui porte à éviter tout mouvement, tout travail physique et intellectuel, et ne permet cependant pas le sommeil. Tourmenté par des nuées de moustiques auxquels il est presque impossible de se soustraire, nous cherchons vainement l'air qui semble faire défaut. C'est dans des moments pareils que la marche lente des heures inactives permet de sentir les ennuis et les souffrances de l'exil, et que, suivant l'expression d'un de nos collègues : « L'âme veut quitter sa prison et la livre à la première maladie dominante qui se trouve là.»

« Il est 10 heures, le calme est devenu parfait. Malgré la disparition du soleil, la température se maintient élevée. La sensation de fatigue fait place à une sensation plus pénible, la tête est comme serrée dans un cercle de fer; si la lecture et le travail sont encore possibles, ils nécessitent une volonté dont l'énergie va en s'affaiblissant; le travail est d'ailleurs peu productif. Les forces intellectuelles sont plus déprimées que ne le sont les forces physiques.

« Alors s'écoule lentement la nuit, dans cet état pénible et maladif, ou bien éclate un orage et une pluie abondante, sous l'influence de laquelle le thermomètre baisse légèrement, donne une sensation de bienfaisante fraîcheur.

« On peut se faire une idée de l'état pénible où l'on se trouve au Sénégal, pendant ces journées d'hivernage, en songeant au malaise que l'on éprouve, en Europe, pendant les heures qui précèdent les orages en été. « En décuplant cette sensation, dit un de nos collègues qui observait au Sénégal, on sera encore au-dessous de la vérité; dans les pays chauds, pendant l'hivernage, on est littéralement accablé sous le poids de sa chaleur. »

« L'orage et la pluie ne terminent pas toutes ces journées fatigantes. Quelquefois, lorsque survient l'orage, il est précédé d'un vent violent qui constitue la tornade, phénomène propre à la côte occidentale d'Afrique, et qui mérite une description spéciale qu'on nous permettra de reproduire ici.

La tornade.

« La tornade survient, le plus souvent, après une journée de calme et de chaleur accablante analogue à la journée d'hivernage dont nous venons d'essayer de tracer le tableau.

« La brise du Sud-Ouest, qui dominait pendant l'hivernage, a fait place à une journée de calme dans laquelle la girouette prend un instant une direction qui indique des vents très faibles du Nord au Nord-Est. Malgré cette direction des vents, à laquelle est dû un ciel complètement découvert de nuages, la partie méridionale de l'horizon s'assombrit, une petite masse nuageuse, noire, peu étendue, règne au Sud et au Sud-Est, et permet de présager déjà la formation d'une tornade. Après un temps qui

varie de deux à trois ou quatre heures, cette masse
noire se met en mouvement et tend à se rapprocher
du zénith en s'étendant de manière que le segment
de la calotte céleste qu'elle couvre va en grandis-
sant. Ce mouvement est lent, je l'ai toujours vu se
faire dans une direction voisine de celle du Sud au
Nord. Lorsque la masse de nimbus s'est élevée environ à 25° au-dessus de l'horizon, elle y forme un
demi-cercle régulier au-dessous duquel on peut parfois apercevoir le soleil.

« La direction du Sud au Nord des nuées supérieures indique bien la marche générale du météore,
son mouvement de translation, qui est le seul appa-
rent tant que la bande supérieure demi-circulaire qui
circonscrit ces nuages n'a pas atteint le zénith.

« Le bord de cette masse en mouvement tranche,
par sa teinte d'un noir sombre, sur le bleu du ciel, à
peine parcouru par quelques flocons blancs qui, sur
un autre plan, se meuvent dans la direction des vents
de Nord-Est, devenus un peu plus énergiques dans
les couches inférieures de l'air.

« Ce bord forme comme un bourrelet. On peut ju-
ger aisément à la manière dont ce bourrelet est
formé, à sa convexité regardant le Nord tandis que
sa partie inférieure, frangée, regarde le Sud, qu'un
obstacle s'oppose à la progression du météore et re-
tarde son ascension; il y a, semble-t-il, lutte entre la
faible brise du Nord, qui règne dans la partie découverte de l'horizon, et la masse météorique qui s'a-
vance d'un mouvement propre en sens contraire de
cette brise.

« Lorsque cette accumulation de nuages s'est
avancée jusqu'à une distance de 45 degrés du zénith,
elle offre un aspect des plus caractéristiques. C'est
un vaste cercle noir, une sorte de champignon sans
pied qui serait vu de trois quarts et par en dessous;

ses contours sont bien limités en avant et sur les bords droit et gauche, mal définis en arrière dans la partie qui se confond avec l'horizon. Rien n'est plus facile que d'esquisser le croquis de cette masse de nuages, un bon appareil de photographie pourrait facilement en fixer l'image sur une plaque. Quelquefois, cette forme, comparable à celle d'un champignon ouvert, possède un double bourrelet, comme si une calotte sphérique, plus petite, en surmontait une autre.

« Parfois la marche du météore est si lente, qu'il met une demi-heure à atteindre le zénith; d'autres fois, il s'écoule à peine cinq minutes entre le moment où ces nuages commencent à se mouvoir et celui où ils arrivent au-dessus de nos têtes. Si un navire est surpris alors avec toutes ses voiles, il n'aura pas eu le temps de les serrer au moment où les nuages atteignent le zénith, ou, se trouvant placé sous ce vaste tourbillon, il en ressentira le redoutable vent.

« Ces nuages sont parfois, mais rarement, sillonnés de vastes éclairs, mais en général on n'entend pas de tonnerre.

« Au-dessous de la partie la plus reculée de cette masse noire, on distingue de gros nuages blancs et parfois des traînées sombres, analogues aux grains de pluie, venant alors compléter la ressemblance de la tornade avec une immense champignon dont les traînées de pluie représenteraient le pied.

« A un moment qui est ordinairement celui où le bord antérieur de la tornade atteint le zénith, souvent un peu plus tôt et parfois seulement au moment où les deux tiers du ciel se trouvent couverts, un vent d'une violence extrême se déchaîne à la surface du sol dans la direction du Sud-Est. La masse météorique, vue en dessous et de près, n'a plus alors de forme définie, la partie du ciel qui était restée découverte est promptement envahie par des nuages qui semblent se mouvoir en désordre. Comme le météore continue sa marche vers le Nord, il est facile de constater que la direction du vent n'est due qu'à un mouvement propre du météore sur lui-même, combiné avec son mouvement de progression.

« Cette bourrasque dure au plus un quart d'heure, pendant lequel le vent prend une direction qui passe à l'Est, puis au Nord-Est, au Nord, enfin au Nord-Ouest, puis au Sud-Est, avec une intensité qui va, en général, en faiblissant d'abord, puis en reprenant de l'énergie lorsque les vents passent au Sud-Ouest.

« La succession des vents n'offre pas toujours la régularité de cette description, car de temps en temps il y a des reprises de Sud-Est. Quelquefois le vent va en faiblissant jusqu'au Nord-Ouest et ne dépasse pas cette direction. Il y a des tornades dans lesquelles la rotation des vents s'arrête au Nord; la tornade disparaît, du calme et de la pluie lui succèdent, puis les vents se fixent au Sud-Ouest faibles. La seule chose constante, c'est la plus grande énergie du vent au début de la tornade. Cette énergie n'existe avec une force véritablement dangereuse que tout à fait au début et dans la direction du vent de Sud-Est.

« La violence du vent des tornades est peu en rapport avec sa durée, elle atteindrait parfois, dit-on, celles des vents des ouragans; mais le fait doit être excessivement rare. Nous croyons qu'on a peut-être exagéré la force de ce vent. Il peut arriver à renverser les arbres, enlever les toitures, jeter à la côte les navires dont les ancres ne sont pas solides; mais une circonstance favorable vient toujours diminuer le danger. La mer, au moment où survient la tornade, est toujours d'un calme parfait, de sorte que l'agitation des flots est trop momentanée et trop

subite pour former de fortes lames, et le danger de
la mer ne vient pas s'ajouter à celui de l'atmosphère
pour le marin qui aurait assez peu d'expérience ou
serait assez imprudent pour se laisser surprendre
par un accident atmosphérique assez facile à prévoir.

« Au bout d'un quart d'heure, parfois de dix minutes, le météore a disparu : il n'a consisté qu'en ce
mouvement brusque du vent, ce passage de nuages
noirs sans pluie ni orage. La tornade est alors ce
qu'on appelle la *tornade sèche;* c'est la forme la
moins fréquente.

« Ordinairement, lorsque les vents passent au Sud-
Ouest, un orage éclate, la pluie tombe avec une abondance extrême pendant un quart d'heure, puis devient
modérée, et le vent reste au Sud ou au Sud-Ouest
faible.

Il est à remarquer que, même lorsque la tornade
est sèche, elle est toujours suivie d'un abaissement de
la température très sensible au thermomètre. Ce qui
prouve qu'elle se forme, non au niveau du sol ou de
la mer, mais dans les régions supérieures de l'atmosphère, et que l'axe de son mouvement giratoire
s'éloigne de la verticale ou que le mouvement de
l'air est plutôt spiroïdal que circulaire.

« Après avoir fait sur les lieux cette description,
de l'exactitude de laquelle plusieurs personnes ayant
observé comme nous le Sénégal ont bien voulu nous
donner des témoignages, nous rapprochons ce que
nous avons dit de ce qu'un certain nombre d'auteurs
ont écrit sur ce sujet. Nous avons remarqué dans
presque toutes les descriptions une exagération
presque constante. La tornade est représentée comme
un phénomène fort effrayant et extrêmement dangereux. L'idée d'une lutte entre les vents furieux et
contraires domine toujours dans ces descriptions,
qui rappellent celles des poètes, mais s'éloignent fort

de la vérité. L'orage qui termine ordinairement la tornade n'est ni plus ni moins effrayant que l'orage d'Europe. Nous avons trouvé, cependant, une excellente description de la tornade faite par Beaver; bien que la fidélité de cette description soit mise en doute par le traducteur, c'est la seule qui nous ait paru exacte, et les expressions dont s'est servi l'auteur pour peindre le phénomène qu'il observait sont parfois identiques à celles dont nous nous sommes servi nous-même en notant ce que nous voyions sans connaître les travaux du chef de l'expédition colonisatrice de Boulam. Nous devons ici nous inscrire en faux contre l'assertion qui, s'appuyant sans doute sur une erreur de chiffre, attribue aux tornades la propriété d'abaisser brusquement la température, au Sénégal et à la côte de la Guinée, de 25 et 30 degrés centigrades. Jamais, en dix ans, la variation thermométrique n'a dépassé à Gorée, dans une journée d'hivernage, 10°,8. A la côte de Guinée, les variations de température sont encore plus faibles dans cette saison, la seule pendant laquelle s'observent les tornades. Nous prenons la peine de réfuter cette erreur, parce que, très affirmative, elle a été souvent répétée; elle a été empruntée à une thèse dont la partie médicale sera souvent citée par nous.

« *Saison sèche.* — La présence des alizés de Nord-Est donne à cette saison son caractère particulier de sécheresse. Elle se distingue, dans toutes les régions, par l'absence presque complète de pluie, par une sécheresse atmosphérique des plus remarquables, et, comme conséquence de la rareté de l'eau (ce modérateur des climats), par une grande inégalité climatérique selon les lieux et les époques. Dans la saison sèche, l'unité climatérique de la Sénégambie, propre à l'hivernage, fait place à des divergences locales extrêmement marquées et des phénomènes qui ne

trouvent leurs analogues que dans les régions limi-
trophes du grand désert du Sahara.

« Du Nord au Sud, ces différences sont moins pro-
noncées que de l'Ouest à l'Est. La presqu'île du Cap-
Vert, Gorée et la presqu'île de Sierra-Leone, par
suite de leur situation maritime, constituent les régions où la sécheresse est la moindre, où le climat reste
le plus constant. La température y est fraîche l'hiver,
et monte lentement et régulièrement pendant le printemps. La saison sèche forme ainsi sur le littoral
une seule saison bien homogène : il n'y a que des
différences peu sensibles, avec transition lente de
mois en mois, et des différences dans la durée de
cette saison, qui diminue de longueur à mesure que
l'on descend vers le Sud.

« Dans l'intérieur, à Bakel, à Médine, à Mac-Carthy de Gambie, il y a au contraire une différence
tellement tranchée entre le trimestre de l'hiver et
celui du printemps, que la saison sèche, qui, sur la
côte, mérite aussi le nom de saison fraîche, est, pendant l'hiver, une saison fraîche, et pendant l'été et le
printemps une saison extrêmement chaude, beaucoup plus chaude même que la saison d'été (premier
trimestre d'hivernage).

« Le vent d'Est jouit, en effet, de propriétés calo-
riques extrêmement différentes selon les époques.
Toujours sec, il est froid en hiver, il est brûlant au
printemps. Ce vent sec ou *harmattan*, très favorable
à l'assainissement du pays, a été décrit par Lind
comme un vent empesté « de vapeurs malignes » et
capable de tuer les animaux et les hommes. Le vent
de l'Est ou Nord-Nord-Est, quelle que soit l'appella-
tion qu'on voudra lui donner, est toujours froid le
matin, il est brûlant dans la journée, surtout au printemps. Pour des causes qui trouvent leur raison
d'être dans la situation des localités, ce vent a perdu,

lorsqu'il arrive à Gorée, la plupart de ses propriétés de sécheresse. A Saint-Louis, il les a conservées en grande partie, mais il ne souffle que pendant peu d'heures et par courtes séries. Il en est de même en Gambie, dans la Casamance, dans le Rio-Nunez et à Sierra-Leone. Dans l'intérieur du Sénégal et de la haute Gambie, ces vents brûlants sont choses habituelles pendant trois mois.

« Le contraste entre le littoral et l'intérieur de la Sénégambie est alors des plus intéressants à étudier : plus il fait chaud dans l'intérieur, plus il fait froid à Saint-Louis. A cette époque, les brises alternatives de terre et de mer conservent au littoral sa fraîcheur. L'élévation considérable de la température, due au vent d'Est, est toute momentanée et élève peu les moyennes vraies.

« Une comparaison permettra de comprendre et en même temps d'expliquer la différence considérable qui existe, au printemps, entre la température de la côte de la Sénégambie et celle de l'intérieur. Le Sahara, milieu dépourvu d'eau, est un véritable foyer ardent qui rayonne tout autour de lui et fait sentir ses ardeurs jusqu'au voisinage de Bakel, climat tout à fait saharien au mois d'avril. Si, dans une chambre au milieu de laquelle se trouve un foyer ardent, la chaleur de ce foyer se fait sentir avec intensité, il n'en est pas de même près de la porte de cette chambre. L'appel fait à l'air froid du dehors est d'autant plus énergique que le foyer est plus chaud, et les personnes placées auprès de cette porte sentent un refroidissement bien accusé. Voilà pourquoi à Saint-Louis, sur le littoral de la côte d'Afrique, le printemps est légèrement plus froid que l'hiver ; pourquoi plus il fait chaud dans l'intérieur du Sénégal (à Bakel) plus il fait froid à Saint-Louis. Le même phénomène s'est exceptionnellement présenté en

Europe pendant l'été de 1879 : le mois de juillet de cette année a été d'autant plus froid en France que les chaleurs ont été plus considérables à l'Est de l'Europe.

« Le phénomène qui se passe à Saint-Louis ne s'observe pas à Sierra-Leone, à la côte de Guinée ni en Algérie, parce que de hautes chaînes de montagnes servent d'écran à ces régions, tandis que les côtes de l'embouchure du Sénégal sont un pays plat sensiblement au même niveau continu que le désert.

Une journée de la saison sèche.

« Nous chercherons à donner une idée du climat du Nord de la Sénégambie dans la saison sèche, en décrivant une des journées de cette saison observée à Dagana.

« La nuit a été bonne, le sommeil facile ; la fraîcheur de cette nuit étoilée, accompagnée d'une rosée abondante, était même assez prononcée pour qu'une couverture de laine ait été indispensable pendant le sommeil. Le soleil se lève dans un horizon sans nuages, mais grisâtre ; le vent souffle faible du Nord-Est, il est assez frais. C'est un moment délicieux pour la promenade, pour la chasse, pour le travail, quel qu'il soit. Cependant, à mesure que le soleil, s'élevant, darde des rayons d'autant plus chauds, le vent devient plus sec et plus fort ; il entraîne une poussière d'un sable grisâtre qui pénètre partout. Entre neuf et dix heures du matin, le vent prend une intensité de plus en plus considérable. Par moments, il semblerait que l'on passe devant la bouche d'un four allumé. La sécheresse de ce vent est extrême. Le thermomètre monte, à l'ombre, à 40 degrés, et dépasse même, pendant quelques instants, de 1 ou 2 degrés, cette graduation, pendant que le thermomètre, dont la boule est entourée d'une mousseline mouillée, s'abaisse de dix degrés. Les corps les plus durs, le bois, l'ivoire se fendent; les objets cartonnés se raccornissent et se déforment, les meubles se disjoignent, leurs boiseries éclatent avec bruit. Les objets conducteurs du calorique, le marbre, le fer, les loquets des portes, donnent à la main de brusques sensations de chaleur dans l'intérieur et à l'ombre des appartements. A l'extérieur, le sol sablonneux brûle les pieds des Noirs. Le corps est sec, les lèvres se gercent comme en Europe par les froids rigoureux de l'hiver; la membrane pituitaire, desséchée, devient douloureuse; les conjonctives sont le siège d'une fluxion sanguine, la vue est blessée par une ardente réverbération de la lumière.

« Pour se soustraire à cette chaleur, le Noir entre dans sa case, l'Européen clôt sa demeure. Dans certaines maisons, à Dagana, on a établi de doubles fenêtres vitrées, et l'on se préserve du chaud extérieur de la même manière que dans les pays du Nord on se préserve du froid. Notre chambre, fermée ainsi et arrosée, pouvait, du matin au milieu du jour, conserver une température de 28 à 30 degrés pendant qu'à l'extérieur la température dépassait 41 degrés. Les animaux domestiques, les animaux en captivité, les jeunes lionceaux qu'on élève par curiosité, les singes, semblent autant souffrir que les hommes; ils se blottissent dans les endroits frais, auprès des jarres où l'on conserve l'eau, par exemple.

« Ce vent dure plus ou moins longtemps : à Saint-Louis, il faiblit et tombe vers trois heures du soir. On entend alors un bruit bien connu et attendu, c'est celui des lames se brisant sur le rivage : à ce signal, chacun ouvre largement portes et fenêtres, et laisse entrer la brise de mer fraîche et délicieuse. C'est ce que fait l'habitant de Saint-Louis, où cette brise ne manque presque jamais; mais combien d'heures serat-elle attendue par l'habitant de Dagana, qui, le soir et la nuit, attend souvent vainement qu'un soufflé de brise de la mer arrive jusqu'à lui, ou par celui de Bakel, pour lequel elle fait si souvent défaut!

« La brise venue, la vie reprend son activité, les promenades du soir sont alors délicieuses ; cependant, le soleil couché, la brise devient froide, une rosée abondante couvre le sol et mouille les vêtements ; un vêtement chaud est alors nécessaire. L'Européen se couvre de son manteau d'hiver, s'il veut ne rentrer qu'après la nuit venue : il n'aura plus besoin que de se bien couvrir pour se livrer à un sommeil facile et réparateur.

« Les sensations éprouvées par les chaleurs sèches du désert diffèrent complètement de celles de l'hivernage, l'absence des sueurs abondantes, la possibilité de se procurer une eau d'autant plus fraîche que l'évaporation est considérable, et que les vases poreux se fabriquent en grande quantité dans le pays, l'étendue de l'oscillation diurne, la possibilité d'un travail facile, l'absence des moustiques, font qu'une température voisine de 40 degrés est beaucoup moins pénible à supporter que la chaleur humide constante, au voisinage de 27 degrés, qui règne dans l'hivernage, chaleur continuelle à laquelle on ne trouve aucun moyen de se soustraire. »

FIN

TABLE DES MATIÈRES

PREMIÈRE PARTIE

Notions générales.

Pages.

Définitions : Géographie, Terre, Univers............... 7
Points cardinaux.................................... 7
Mouvements de la Terre.............................. 9
Grands cercles — Equateur........................... 9
Cercles polaires.................................... 10
Zones 10
Parallèles, méridiens............................... 10
Latitude et longitude............................... 11
Astres utiles à connaître........................... 12
Globes et cartes géographiques...................... 13
Définitions... 13

DEUXIÈME PARTIE

Géographie générale de l'Afrique.

GÉOGRAPHIE PHYSIQUE

Mers.. 18
Golfes.. 18
Détroits.. 18
Caps.. 19
Montagnes... 19
Lacs.. 21
Iles.. 21
Fleuves... 24
Rivières.. 24

GÉOGRAPHIE POLITIQUE ET COMMERCIALE

Bornes de l'Afrique................................. 26
Division en régions................................. 27

Région du Nord.

Pages.

La Barbarie (Empire du Maroc, Numidie, Tunis et Tripoli).. 27
L'Egypte.. 31

Région de l'Est.

La Nubie.. 31
L'Abyssinie.. 32
Le pays des Gallas.. 33
Le pays des Adels ou Danakils.. 33
Le pays des Somalis.. 33
Le royaume de Harar ou de Hourour.. 34
Le Zanguebar.. 34
La Capitainerie générale du Mozambique.. 35

Région de l'Ouest.

Le Sahara ou Grand Désert.. 35
Le désert de Lybie.. 37
Les colonies européennes de la Sénégambie.. 28
La Guinée supérieure ou Ouankarah.. 38
La Guinée inférieure ou Congo.. 40

Région du Sud.

La Cafrerie.. 41
Le pays des Zoulous ou Zululand.. 42
Colonie du Natal.. 42
L'Etat libre de l'Orange.. 43
La république du Transvaal.. 43
La colonie du Cap.. 44
La Hottentotie.. 45
La Cimbébasie ou Ovampie.. 45

Région de l'Intérieur.

Le Soudan ou Nigritie.. 46
Contrée des lacs.. 48

TROISIÈME PARTIE

Sénégambie.

Bornes.. 52

GÉOGRAPHIE PHYSIQUE

	Pages.
Golfes ou baies	51
Montagnes et pics	51
Iles	52
Presqu'îles ou péninsules	53
Caps et pointes	53
Lacs	54
Fleuves et rivières	55
Navigation sur le Sénégal	59
Confluents du Sénégal	64
Le Niger	66

GÉOGRAPHIE POLITIQUE ET COMMERCIALE

Division de la Sénégambie	67
Sénégambie Française	67
Territoires appartenant à la France	67
Forts ou postes fortifiés	78
Gouvernement du Sénégal	79
Justice	80
Postes et télégraphes	80
Territoires sous le protectorat de la France	83
Sénégambie Anglaise	85
Sénégambie Portugaise	85
Sénégambie Indépendante	85
Aperçu général sur le climat de la Sénégambie	88

CARTES

Plan des environs de la ville de Saint-Louis	6
Tracé du chemin de fer du Haut-Fleuve	51
Environs de Bafoulabé	76
— de Badumbé	83
— de Kita	91
— de Bamakou ou Bammako	112

Bar-le-Duc — Typ. L. Philipona et Cᵉ. — 995